图 1-10　作者自主研发的无人除草机器人

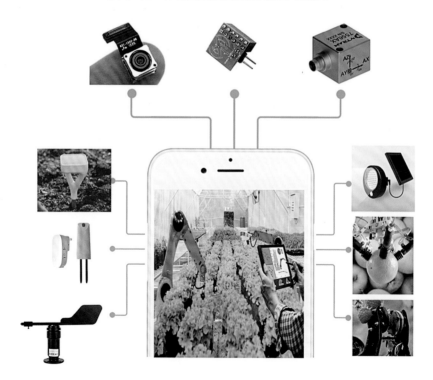

图 1-13　智能手机技术在智慧园艺中的构架

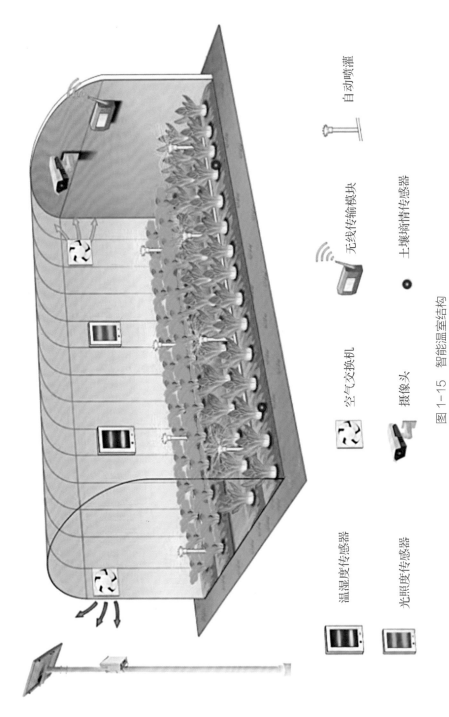

温湿度传感器

光照度传感器

空气交换机

摄像头

无线传输模块

土壤墒情传感器

自动喷灌

图1-15 智能温室结构

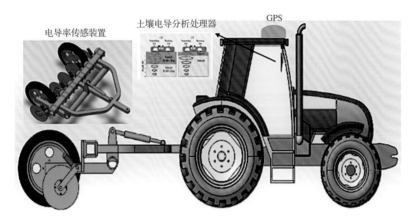

图 2-9　土壤养分电导率测定系统

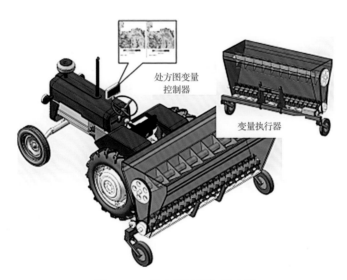

图 2-10　处方图施肥机示意图

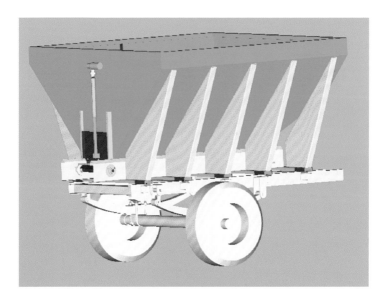

图 2-12 离心圆盘式撒肥机设计图

图 2-13 第一代离心圆盘式撒肥机实物图

图 2-14　第二代离心圆盘式撒肥机实物图

图 2-16　风助式撒肥机实物图

图 2-17　进风口防雨装置

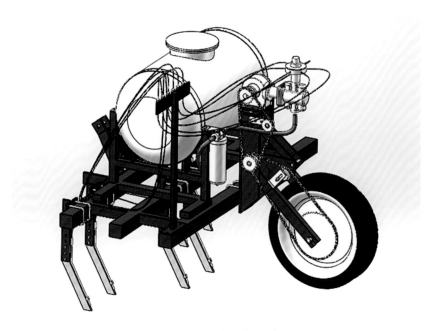

图 2-21　液氮施肥机设计图

图 2-22　液氮施肥机实物图

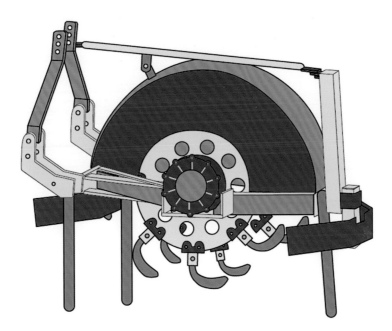

图 2-25　施肥用园艺开沟机示意图

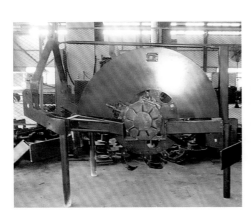

图 2-27　实物图

a 和 b 需组合使用，a 用来开沟，b 用来施肥

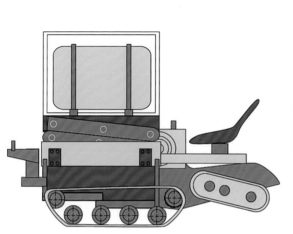

图 2-31　履带式自走自动整枝多功能　　　　　图 2-32　履带式自走自动整枝
　　　　　　装备示意图　　　　　　　　　　　　　　多功能装备实物图

图 3-18　作者团队提出的智慧园艺巡视机器人设计方案

图 3-21　作者团队设计的履带式智能巡视机器人

图 4-9　阳台农业栽培设施

图 4-10　阳台栽培装置中可收获的芽苗

图 4-11　作者团队开发的阳台农业栽培装置

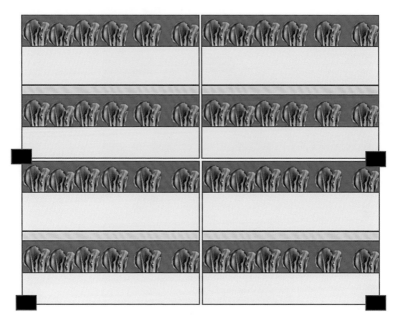

图 4-12　垂直农业景观蔬菜栽培系统示意图

图 4-13　垂直农业栽培装置实物

图 4-14　作者团队研发的蔬菜景观栽培新型硬基质

图 4-15　滴灌供水系统

图 4-16　水肥滴灌

图 5-1　常见病虫害

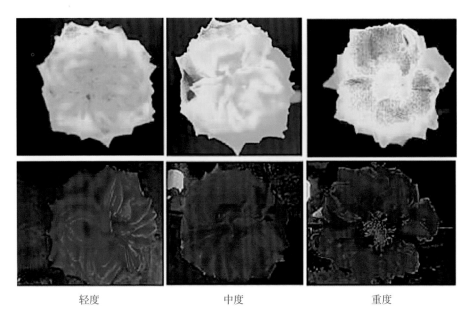

轻度   中度   重度

图 5-2　月季白粉病识别效果

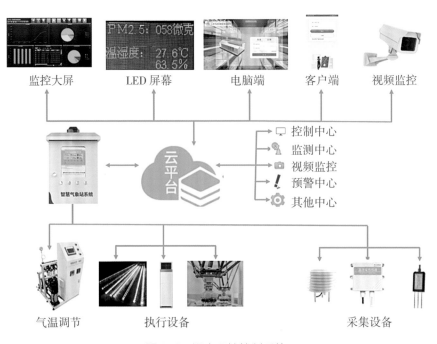

图 5-3　温室环境控制系统

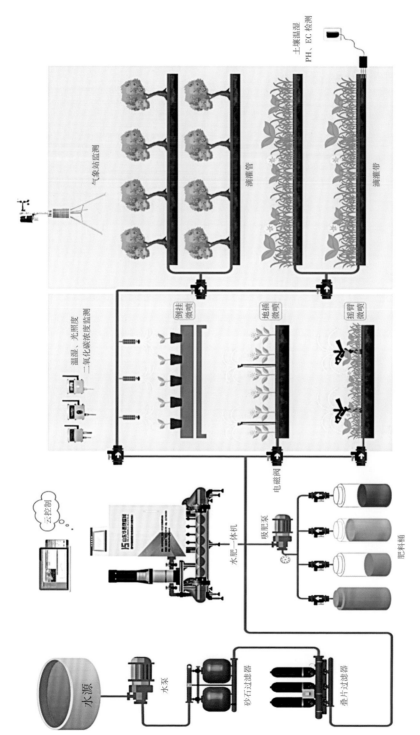

图 5-4 典型水肥一体化系统

作者团队研发的都市环境智慧园艺产品——智慧型人工光植物工厂

智慧园艺

马 伟 张 梅 著

中国林业出版社
·北京·

内 容 简 介

本书是作者十多年来在智慧园艺相关领域的理论探索、技术总结和示范推广的实用性成果。作者利用机械、电子和软件交叉学科的学习教育经历，将智慧园艺全过程关键技术逐步突破，利用国家、省部和市县农机部门的多级推广体系，将智慧园艺创新产品进行田间演示；利用国家重点课题和地方研究任务的组织形式，将产学研一体化的瓶颈打通，实现了智慧园艺技术和装备实用化、产品化和体系化。本书围绕智慧园艺的园林、温室和都市这3个典型环境，从智慧园艺技术与智慧园艺装备2个方面，深入阐述智慧园艺的研究与实践进展。

本书图文并茂、通俗易懂、技术实用，是一本非常实用的智慧园艺知识图册，不仅能为高等院校师生提供学习资料和指导，也能成为基层管理干部和企业技术人员的参考资料。

图书在版编目（CIP）数据

智慧园艺 / 马伟 , 张梅著 . -- 北京 : 中国林业出版社 , 2022.7

ISBN 978-7-5219-1765-9

Ⅰ . ①智… Ⅱ . ①马… ②张… Ⅲ . ①园林植物－观赏园艺 Ⅳ . ① S688

中国版本图书馆 CIP 数据核字 (2022) 第 120227 号

策划编辑： 何增明
责任编辑： 袁　理

出版发行： 中国林业出版社（100009　北京西城区刘海胡同 7 号）
网　　站： http://www.forestry.gov.cn/lycb.html
印　　刷： 河北京平诚乾印刷有限公司
版　　次： 2022 年 7 月第 1 版
印　　次： 2022 年 7 月第 1 次
开　　本： 710mm×1000mm　1/16
印　　张： 9
字　　数： 147 千字
定　　价： 78.00 元

Preface 前 言

农业进入数字化新时代，数字化对农业生产带来了巨大的、革命性的深刻影响，数字化对农业的冲击最直观的变局就是农业生产方式正由传统农业向智慧农业变革，导致的结果是智慧化将在很长时间将成为现代农业发展的主旋律，将会影响现代农业发展的诸多方面。在这个大变革的环境下，园艺因为其经济附加值高、技术难点多、劳动强度大等特点，会先一步受到数字化的冲击，园艺必将从传统园艺走向智慧园艺。

智慧园艺是智能装备和精准栽培两者融合的产物，是农机农艺融合和数字化精准作业深度结合的新型模式，也是未来农业发展的必然趋势，更是整个园艺产业转型必由之路。尤其对于种植大户来说，通过智慧园艺技术和装备来降低生产成本，提高园艺产品的品质，以此来实现园艺生产的可持续发展，以此来突破劳动力等瓶颈问题的限制，以此来稳定持续提高园艺生产的经济价值，都有非常重要的作用。

作者的研究最早是从农田的精准施肥和施药关键技术装备着手，并聚焦在这个点上进行了长期的艰难探索和创新，这是个非常复杂的领域，在走了不少弯路，解决了诸多疑惑，突破了困扰技术前进的难题后，也逐步建立了适应我国农业实际需求的技术研究模式和装备开发模式。在此基础上，采用触类旁通的方法，摸着石头过河逐步拓展了研究的领域，秉承如果农民有需求，企业有诉求和政府有要求，就去陌生领域探索突破的原则，逐步发展起来。

在这个艰难探索的过程中，赵春江院士、杨其长研究员、王秀研究员、陈立平研究员、祁力钧教授等无数著名科学家给了很大的支持和帮助；王沛博士、田志伟博士、陈启明博士、杨晓博士等我科研团队的青年科研骨干在科研攻关中发挥了巨大作用；姚森、段发民、李宗耕、罗伟文、沙德剑等工程师在素材准备、资料整理过程中做出了贡献；我指导的研究生徐海东、赵铖钥、王波等参与了编写；张梅老师绘制了大量精美的插图。

本书承蒙成都市重点研发科技项目（NASC2020KR05、NASC2021KR02、NASC2021KR07）和四川省重点研发科技项目（2022YFG0147）等项目的资助，北京市农林科学院智能装备研究中心、成都农业科技职业学院等单位给予大力支持，在此表示感谢。由于作者水平有限，加之部分实验由研究生协助，书中的不妥之处在所难免，肯定读者批评指正。

马 伟

2022 年 5 月 1 日于成都温江

Contents 目 录

第 1 章

绪　论

1.1 技术背景

农业进入数字化新时代，引发农业第三次绿色革命，中国称之为"农业数字革命"，生产方式正由传统农业向智慧农业变革，园艺也从传统走向智慧园艺（赵春江，2021）。智慧园艺是指在园艺栽培中，通过人工方式调控光、水、肥、土等生产关键技术参数，营造一个适合优质园艺植物生长的外部环境，同时采用智能化机械装备进行全程精准化管理，通过物联网、传感器等智能化管控技术手段对植物开展智慧化管控，消除影响植物品质的不利因素，实现园艺作物花多、色正、无锈，提高园艺作物的附加值。以实现名优茶的茶叶成色好、品相佳；实现园艺果树的水果产量高、风味足和口感好（王艳红，2020）。智慧园艺的本质是用机器脑代替人脑实现信息的采集、决策和管理（图1-1）。

图1-1　以信息化为基础的智慧园艺

智慧园艺是智能装备和精准栽培两者融合的产物，是未来发展的必然趋势，是整个园艺产业转型必经之路。尤其对于种植大户来说，通过智慧园艺技术来降低生产成本，提高园艺产品的品质，对于实现可持续发展有重要作用。智慧园艺系统的重要性主要体现在资源高效利用、降低人力成本和增加经济效益3个方面。

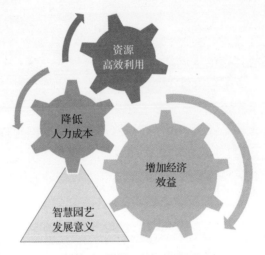

图 1-2 智慧园艺发展的背景

1.1.1 资源低碳化高效利用促进智慧园艺发展

随着人口增长和土地资源不断减少的矛盾越来越明显，农业生产开始朝着现代农业的方向发展，园艺栽培过程中，需要不断引进新技术、开创新思维、研究新方法来提高园艺作物的生产效率、提升园艺作物品质和优化土壤环境，这就要求必须走精准栽培的途径。通过促进农业资源的合理配置和使用，推动高效种植的发展，在减少投入、降低成本、减轻环境污染、栽种可控化、标准化和批量化、便于加工、出口等方面均有积极的作用和意义。

以灌溉为例，传统的灌溉方式采用大水漫灌，对水资源是极大的浪费（图1-3）。墒情传感器和滴灌系统的运用，实现了水资源的高效利用。对园艺施肥而言，传统的均一化施肥意味着农田的一些田块施肥过量而另一些田块施肥不足。如果施肥过量，超出园艺的实际需肥量，势必造成化肥浪费，肥料还可能进入地下水或地表水，造成农田环境污染（阮俊瑾 等，2015）。

图 1-3 传统的园艺

a- 传统果园；b- 传统花卉种植

　　智慧园艺精准栽培技术的运用，设定用肥量会根据农田不同区域的肥力需求而灵活施用，需求多则多施，需求少则少施。这种以施肥装备为基础的精准栽培能避免园艺土壤板结，对促进土壤改良会有促进作用（图1-4）。除此以外，精准栽培将减少农药、水资源的施用量，在保证满足园艺作物管理需求的前提下，通过精准控制使得这些资源达到投入产出比最大化。园艺精准栽培实现了以最少的资源投入来种植优质、多产的园艺作物。对于种植户而言，资源的高效利用意味着资源节省，生产成本降低和收入增加。

图1-4 新型园艺

a- 新型施肥设施；b- 新型灌溉设施

1.1.2 生产无人化需求促进智慧园艺发展

园艺种植是一种劳动密集型产业，从前期整地、苗木处理，到田间管理、修剪整形、采收等环节均需要大量的劳动力，因此传统的劳动密集型园艺生产用工量很大（马伟 等，2019），见图1-5。除了普通的劳力以外，各个生产环节还需要技术管理人员对多个园艺作物大棚的实际环境进行查看、监测和控制，以保证园艺作物有一个良好的、适宜的生长环境。

图1-5　传统的劳动密集型园艺生产现场

a– 国外传统园艺；b– 国内传统园艺

然而传统园艺种植对人力资源的需求与中国目前的农业人口数量变化存在一定的矛盾。据全国农业普查数据显示，2006 年末，全国农业人口 34874 万，其中年龄在 40 岁以下的占 44.4%；到了 2016 年，全国农业人口下降至 31422 万，年龄在 35 岁及以下的仅占 19.2%。除了人口基数的比例发生变化，职业选择的趋势也在发生变化。随着城镇化发展，农业人口持续下降，同时年轻人在择业时，不愿意从事农业生产。工业化和服务业发展也吸纳了更多农业劳动力。截至 2016 年底，中国城镇化率为 57.35%，亿万农村人口将持续向城镇迁移。这些因素导致劳动力缺少，引发劳动力成本不断增加（图 1-6）。对于园艺种植户而言，缺少了可持续发展的基础（张文锶 等，2022）。

图 1-6 劳动力成本不断增加

智慧园艺精准栽培技术采用高新技术实现作业无人化，在种植生产过程中对园艺、土壤从宏观到微观实时监测，以实现对园艺生长、发育状况、病虫害、水肥状况以及相应的环境进行定期信息获取，生成动态空间信息系统，然后借助智慧化决策和智能机器人实现自动启动管理任务，例如自动浇灌、施肥、施药等，可以显著降低人力成本（葛政涵 等，2021）。这些系统可以 24 小时连续工作，可靠并且性能稳定。

1.1.3 效益最大化追求促进智慧园艺发展

增加经济效益是智慧园艺精准栽培的主要目的。现代智能化温室中的栽种园艺，采用了人工干预技术，通过控制温度、湿度、光照、二氧化碳浓度等因素，就能常年把环境保持在最适宜园艺作物生长的状态。从枝条催芽到移栽、施肥、采收等环节的智能化管理，配合不同机器人作业场景，使得园艺种植过程不再是辛劳、乏味的工作，园艺工程师反而成了有趣和吸引年轻人的工作岗位（图1-7）。

图 1-7　园艺工程师岗位将吸引年轻人

栽培方式的智慧化改变为园艺种植户带来了额外的商业价值。除了生产园艺产品上市销售之外，还可以用于教育培训、休闲观光。比如通过亲子教育、休闲农业、采摘活动等模式，挖掘用户的深层次需求。西安打造了一个 $2700m^2$ 的创意农业馆，并对外开放，市民可以领略现代园艺新品种、新栽培、新技术的魅力，创意农业馆还可以用来开展科普教育和旅游观光（李秀娟，2020）。

智慧园艺作为都市农业的一个重要组成部分，还创新了很多其他新型产业模式，例如"魔法菜园"、阳台农业等，可以跟社区、超市、家庭、宾馆、饭店、医院、养老、学校等很多场景结合，满足观赏、科普、生产、深加工等各方面需求。所以，园艺精准栽培拓宽了其商业模式，可进一步增加农户的收入。

1.2 主要内容

1.2.1 精准农业技术

精准农业也称为精确农业或精细农业。精准农业技术应用于园艺精准栽培，其特征是在园艺作物种植过程中，利用计算机、传感器等系统使得园艺种植更加精确和可控（黄岩波，2019）。这种精细化管理方法的核心是信息技术的使用和各种执行部件的应用，例如传感器、农业物联网、地理信息系统、无人机、移动端、大数据等软硬件系统（图 1-8）。

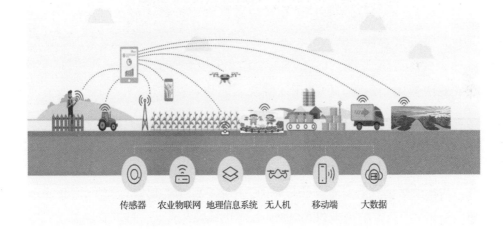

传感器　农业物联网　地理信息系统　无人机　　移动端　　大数据

图 1-8　精准农业技术应用在园艺精准栽培

"精准农业技术"在全球农业上的首次实践在 1990 年左右，其标志事件是将全球定位系统（Global Positioning System，GPS）应用在拖拉机上。如今包括中国北斗卫星导航系统（BeiDou Navigation Satellite System，BDS）在内的卫星导航系统在全球范围内农业领域得到广泛应用，成为经典的精准农业技术应用。约翰·迪尔（John Deere）是最早引入全球定位系统技术开展自动导航技术实践的农业公司。这种自动导航技术是将农民的拖拉机连接到全球定位系统控制器，控制器会根据当前的坐标和设定的轨迹控制拖拉机和农机。自动导航技术是一种辅助技术，能减少驾驶员的转向错误、避免耕作区域的重复作业，减少种子、化肥、燃料的浪费。

随着信息技术的不断发展，精准农业技术逐渐被用于园艺生产中，使得园艺生产作业过程更加准确和可控，开始出现智慧园艺技术。例如：变量技术（VRT）能够控制农机，依据果园不同区域的情况变量施用化肥、农药等。该技术的基本组件包括计算机、软件、控制器和差分全球定位系统（Differential Global Positioning System，DGPS）。全球定位系统土壤采样技术可以获取田间土壤信息和显示可用的养分、pH 等数据，这些数据对于做出正确的决策至关重要。从本质上讲，园艺土壤采样使农民可以评估田间土壤的肥力差异，并制定施肥计划来消除这些差异。这些数据可用于指导变量施药和施肥。基于计算机的应用程序可用于创建精确的田间地图、作物处方图和产量图。这使得农民可以更精确地施用农药、除草剂和肥料等投入物，从而有助于减少开支，提高产量并创造更加环保的耕种方式。遥感技术（Remote Sensing，RS）自 20 世纪 60 年代后期开始在农业中使用。在园艺中采用遥感技术监视和管理土地，水和其他资源时，该技术对于大面积的园艺管理是强有力的工具。从特定时间点的作物营养胁迫到估计土壤中的水分含量，这些数据丰富了农场决策的信息来源。

未来的精准农业会有哪些趋势呢？精准农业概念已经存在了 30 多年，随着精准农业技术的进步和其他相应技术的成熟与普及，精准农业无人农场成为农业发展的主流趋势。加上移动设备的使用，高速互联网的大众化，低成本和可靠的卫星（用于定位和成像）以及制造商针对精确农业进行了优化的农用设备都促进了精准农业的快速发展。据统计，当今全球超过 50% 的农民至少使用一种精确耕作方法。精准农业技术不断取得创新，随着精准农业技术规模化应用的不断发展，越来越多的园艺基地开始初步应用全程机械化和信息化技术（王毅平 等，2022）。精准农业智能装备和技术主要有农业机器人、农业无人机和卫星遥感技术、农业物联网技术、智能手机、机器学习技术。

（1）农业机器人

农业机器人在园艺精准栽培中逐渐被应用，其中有代表性的是除草机器人。国外创新开发了一种太阳能除草机器人，该机器人识别杂草并用一定剂量的除草剂或激光精确杀死杂草（图1-9）。本书作者自主研发的无人除草机器人也开始在丘陵山区规模化应用（图1-10）。针对葡萄采收作业的自动驾驶拖拉机的研究是一个很有代表性的例子，通过将自动驾驶系统安装在拖拉机上，就能够无人化完成大部分的葡萄采收工作，而驾驶员只需要在紧急情况下介入，或者采用遥控方式辅助完成，这有助于解放那些对园艺作物花粉过敏的拖拉机驾驶员。该技术正在向无人驾驶的其他农业机械普及，例如肥料播撒机或耕地机。农业机器人 AgBots 是一种先进的收割机器人，它能够识别成熟的果实，判断其形状和大小，并非常灵巧地从树上摘下果实。

图 1-9　太阳能除草机器人　　图 1-10　作者自主研发的无人除草机器人

（2）农业无人机和卫星遥感技术

农业无人机和卫星遥感越来越多地被应用在园艺精准栽培方面。两者作业高度一低一高，各具特点。无人机在低空可拍摄高质量的高清图像，而卫星在高空可以捕捉更大尺度范围的图像，然后将低空的航空影像数据与高空的卫星影像数据相结合，便可根据当前田间信息完成长势、病害、产量监测等管理（林娜 等，2020）。

对园艺精准栽培而言，这些影像数据可以反演出作物的当前生物量水平，再结合历史产量，可用来预测庄稼产量。也可通过影像处理创建等高线图来跟踪地面水资源分布情况，为播种等作业提供指导。另外，农业无人机可同时配备多光谱和RGB摄像头来获取多源图像（例如深度图像、热红外图像、光谱图像），从而丰富遥感图像的数据维度。

多源数据的合成图除了传统的红色、绿色、蓝色三色图外，还包括近红外和远红外光谱图，以及其他数据处理得到的图，例如分析归一化植被指数（NDVI）等参数生成的空间分布图。这些地理信息空间分布图将作物的长势状况与地理空间相关联，作为变量施药、灌溉、施肥的决策依据。图1-11是卫星和无人机获取果园的精准施肥处方图。

图1-11　农业遥感卫星和无人机获取果园的精准施肥处方图

（3）农业物联网技术

农业物联网是指在农业生产中，通过各种农业传感装置与技术，如传感器、射频识别（RFID）技术、全球定位系统、红外线感应器等，实时采集需要监控、连接、互动的农业对象，采集其声、光、热、电、力学、化学、生物、位置等各种需要的信号，然后借助互联网技术，进一步拓展结合形成的一个巨大网络（谢家兴 等，2022）。

农业物联网的目的是在农业生产中实现物与物、物与人的网络化关联，最终实现农业生产的软硬件装备与网络的连接，方便精准栽培的识别、管理和控制。随着精准栽培信息化技术的快速发展，越来越多的农业传感器和农场管理软件被应用在一些现代化的农业园区，农业物联网和农业生产结合得越发紧密。例如，使用土壤中的水分传感器采集墒情，通过计算机对数据运算，能依据结果更好地决策何时灌溉、灌水多少，实现远距离遥控自动灌溉；还可以根据园艺作物的生理需要和降雨量情况对灌溉系统进行闭环自主控制，实现对不同园艺品种和不同种植区域的精准灌溉。

农业物联网作为一种现代农业的重要技术手段，随着技术手段越发成熟，性价比变得更加适合园艺生产，在智慧园艺精准栽培中发挥着越来越重要的作用。农业物联网技术不仅可以应用在园艺作物栽培中，还可以应用在果园作业中。例如使用智慧视频技术可以用来提高果园病虫害防控精度；通过无线温度、湿度和二氧化碳传感器监测果园气候的动态变化，有助于提高果品的产量和品质，并根据获取到的果园数据对对冰雹等不利因素进行预警；除此外，在智慧果园土壤墒情监测领域的应用收效也很好。图 1-12 为典型的智慧果园物联网监控系统。通过该系统农户可以使用手机 APP 或者网页端远程实时监控果园的墒情，实现动态管理，在土壤墒情不足时，通过远程操作可以给果园自动灌水，以确保果树不会缺水。

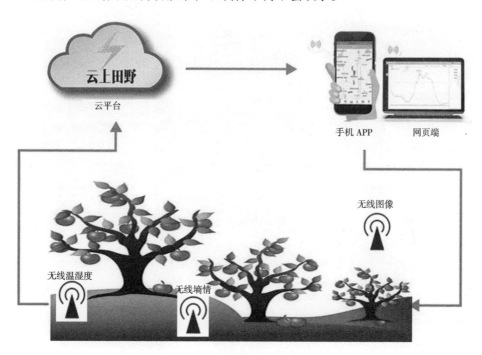

图 1-12　智能养殖场物联网系统

（4）智能手机

　　智能手机的普及为智慧园艺精准栽培技术提供了一种和用户全面对接和发展的平台。园艺的精准栽培系统软件可配置在智能手机和平板电脑中应用。智能手机内置的许多传感器模块可以被用于农业系统，包括相机、全球定位系统和加速度计等。专门开发的用于精准栽培的农业应用程序，例如农田制图、园艺作物识别、园艺作物定位、速度监控、跟踪动物、获取天气信息等。智能手机具有易携带、价格低、功能强等特点，因此在智慧园艺精准栽培中发挥着越来越重要的作用。图 1-13 是智能手机技术在智慧园艺中的构架。

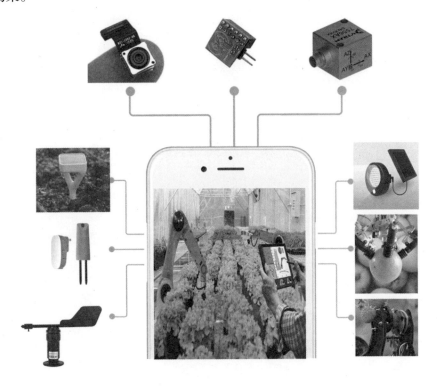

图 1-13　智能手机技术在智慧园艺中的构架

（5）机器学习技术

　　机器学习是基础技术，通常与农业无人机、农业机器人和农业物联网设备结合使用，为该技术提供支撑。机器学习技术通过获取以上这些智能农业装备的数据，基于数学模型和特定算法，利用计算机系统对数据进行处理，并将处理结果发送回这些智能装备，以指导装备进行农业生产的作业，做到按需投入，达到撒播适量的肥料或者向土壤浇灌适量水的目的（崔运鹏 等，2019）。机器学习的另一个功能是在必要时为农业生产提供预测（图 1-14），例如通过植物中氮素预测土壤中的氮素含量，基于预测值来指导农田的施肥。未来的机器学习技术将以更少的人工劳动创造更多的绿色食品为目标，实现高效而精确的农业生产。

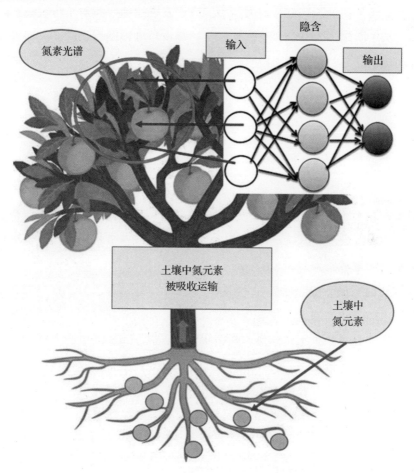

图 1-14　机器学习通过植物氮素预测土壤氮素示意图

1.3 发展方向

　　智慧园艺精准栽培是指将精准农业技术应用在园艺作物诸如水果、树苗等栽培过程中，以提高生产效率，降低人工成本，提高产品质量。作为典型，智慧园艺精准栽培在智能温室中的应用发展迅速。相对于传统温室，智能温室由于应用了农业信息化新技术，故具有精准控制温湿度、光照等环境条件的能力，具有了基于电脑自动控制建立起来的适宜植物生长最佳环境的条件。

　　设施园艺精准栽培工艺的新技术主要包括栽种槽、水肥系统、温控系统、人工光系统及湿度控制系统。其中栽种槽设于窗底或做成隔屏状，供栽种植物；水肥系统自动适时适量供给水分；温控系统包括排风扇、热风扇、温度感应器及恒温系统控制箱，以适时调节温度；人工光系统包含植物灯及反射镜，装于栽种槽周边，在光线较弱时为植物提供照明，以促进植物进行光合作用；湿度控制系统配合排风以调节室内湿度及温度。这些新技术在智能温室中较为常见。

　　智能温室根据功能分类可分为生产性温室、试验（教育）性温室和允许公众进入的商业性温室。蔬菜栽培温室、园艺作物栽培温室、养殖温室等均属于生产性温室；人工气候室、温室实验室等属于试验（教育）性温室；各种观赏温室、零售温室、商品批发温室等则属于商业性温室。园艺温室种植自动控制系统是精准农业技术在园艺作物栽培中的典型应用。

　　园艺温室种植自动控制系统是针对园艺作物大棚的控制要求配置的远程监控与管理系统。采用无线传感器技术，针对传统的园艺作物大棚生产技术的不足，提供一套更适合园艺大棚的技术方案，该系统具有高可靠性、安全性、灵活性、可扩展性、易操作性的特点。系统可实时监测园艺作物大棚内的温度、湿度、土壤墒情、二氧化碳浓度、电动卷帘状态、水泵状态的采集，以及远程控制水泵、阀门的启停，电动卷帘、通风窗的开闭等，且通过无线通讯方式与园艺作物大棚管理中心计算机联网,实时对各个园艺大棚进行监管和远程控制。

园艺智能温室大棚内布置的大量无线传感器诸如温湿度传感器、土壤墒情传感器、光照传感器、二氧化碳传感器等设备被用来实时采集温室内的环境数据(图1-15)。远程控制端(主要包括智能手机、电脑等)对来自不同传感器的数据信息进行集中处理,并下达控制指令。控制器接受远程控制端的指令以实现对现场各个设备(风机、湿帘、加热电磁阀等)的远程控制,调节温室内环境参数,使各项指标均达到适合园艺生长的最佳要求。

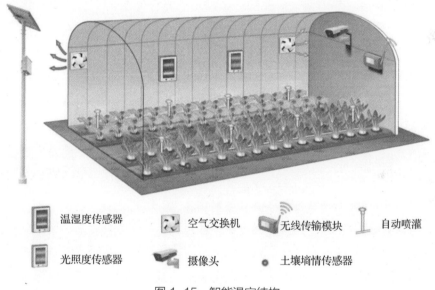

图1-15 智能温室结构

智慧园艺设施农业温室大棚的农业生产按照"良种、良机、良艺融合"的布局进行,以智慧园艺设施农业精准栽培为例,按照作业环节,其主要发展方向包括:节能整地、精准栽种、智慧管理、修剪整形、无人采收等。

(1)节能整地

节能整地对园艺作物有重要作用。这是由于园艺作物大多属于深根系作物,根系深达70～100cm,种植前的土壤准备及节能整地环节很关键。种植的土地需要土层深厚，土壤结构疏松，地下水位低，排水良好，富含有机质的沙质土壤，不适合种植在黏重土壤或低洼积水的地方。

节能整地对调节土壤物理特性有重要作用。种植土壤要求疏松通气、有机质丰富、微酸性、有团粒结构的土壤。土壤要求微酸性，pH5.5～6.8 较好，碱性太强用石膏改良，太酸用石灰改良。种植前先进行土壤消毒，可采用喷雾、熏蒸等方法，最简单办法是暴晒。消毒完成后就可以做畦了，垄宽 110cm，间距 80cm，先去除 40cm 的上层土，再挖 20cm 深后施基肥，主要以秸秆、草粪等粗肥为主。一般每亩施肥 3t 以上，钙、镁、磷肥每亩 *200kg。基肥施好后盖上土，再施用农家肥与生物菌肥的混合肥，生物菌肥含有乳酸菌、酵母菌、放线菌、硝酸菌、光合作用菌、发酵型丝状菌等百余种有效微生物菌群，硝酸菌可固氮，光合作用菌可分解氨，乳酸菌可降碱。

传统整地作业主要依靠人力来完成，劳动强度大，效率低。近些年来，设施智能耕整地装备随着温室栽培的蓬勃兴起而快速进步（马伟，2019），主要特点是轻简、清洁、省力、高效，实现了温室土壤的破碎、疏松和起垄等环节的机械化作业，解决了设施耕整地依靠人工作业效率低和强度大的难题。

新型设施耕整地装备的研究和新材料技术、信息化技术、人工智能技术的进步紧密结合在一起，研究热点集中在提升设施耕整地装备的节能和精准化水平上，并逐步向基质栽培耕整地等领域延伸。这一领域的研究为设施精准栽培提供了装备依托。中国在设施耕整地装备领域的研究主要集中在制造工艺和整体性能上。为规范设施耕整地装备产业，中国机械工业联合会发布了相关技术标准，即《微型耕耘机技术条件》（JB/T 10266.1—2001）。另外，随着信息技术爆炸式发展，适合中国国情的配套智能机具的研究应用取得喜人的成就，农业智能装备不断取得突破，节能整地装备主要集中在无人驾驶、新能源和无线遥控等方面。

节能整地无人驾驶技术是基于总线的自主导航分布式控制架构，该

---

* 1 亩 = 1/15hm²

无人驾驶微耕机的研制成功（图 1-16），使得中国在耕整地无人驾驶领域走在世界前列。该系统利用全球定位系统数据和电子罗盘数据，通过行走路径智能决策实现耕整地高精度作业，有效解决了耕整地作业精度问题。传感器研究使得无人驾驶也取得突破性成果，基于视觉临场感遥控的温室电动微耕机的研发成功，为无人驾驶提供了一种新的控制方法。新能源也在耕整地机具上开始初步应用。一种新型太阳能电动微耕机的研发，实现了利用清洁能源完成耕整地作业，降低了单位面积耕整地对能耗的需求。无线遥控的微耕机因为实用和高效的优势，相关产品的研发已成为热点。

图 1-16 智能耕整地机器人

（2）精准栽种

园艺作物的栽种环节在土壤准备及整地作业完成后进行。园艺生产主要采用扦插、压条、嫁接等无性繁殖培育苗木，园艺扦插尽量在温室内进行营养袋育苗，肥水的供应若采用喷雾技术园艺扦插育苗的成活率更高。扦插所用基质一般为腐叶土（泥碳土）、河沙、过硝酸钙，按 5 : 3 : 0.5 的比例混合后使用，沙土要求无菌，将基质装进扦插袋，依次排放在扦插棚内备用。

园艺扦插的插穗应选用 1 年生的无病无虫枝条，花前带蕾的嫩枝或花后带花充实的硬枝，嫩枝5～8月适宜扦插，硬枝9～10月适宜扦插。插穗上端在距腋芽1cm处剪平成45°角的斜面，插穗长10～12cm。插穗随剪随用，同时采用生根粉加速生根，扦插于营养袋内，扦插深度为插穗的1/3，浇透底水即可。保持空气温度90%以上，棚温25℃左右，30天后便可生根长芽，园艺扦插成活后结合喷水用0.2%的尿素和磷酸二氢钾喷洒1～2次。移栽前30天选择晴天中午揭膜炼苗。

应对精准栽种智能装备的作业需要，也为了加快园艺的生长速度，提高成活率，一些智慧园艺育苗方法研究被逐步采用。首先在温室内将准备扦插的园艺枝条进行催芽，然后进行扦插，该项技术称为硬枝快繁技术，基本流程是：从植物体上取下适宜的一个到几个芽或者一块组织，在人工的离体条件下进行培养，促使细胞或者组织分裂、分化及几何增殖，达到植株形态重建和在生产上应用的目的。硬枝快繁技术可以使园艺枝条在可控的温室环境下均匀生长，形态较为标准，有利于未来采用机械化的方式进行园艺扦插、栽种（王玉乾，2018）。

图1-17　园艺硬枝快繁

（3）智慧管理

园艺作物智慧管理主要包括环境参数（例如：温湿度、光照等）的调节，病虫害控制以及灌溉。智能环境调控系统是园艺精准栽培的关键装置，如同人类的大脑一般，采用各种无线传感器实时地采集园艺作物生长环境中的温度、湿度、pH、光照强度、土壤养分、二氧化碳浓度等物理量信息，然后通过无线局域网、互联网、移动通信网等各种通信网络交互传递，实现生产环境信息的有效传输。

农业田间管理所需的传感信息的数据通过无线网络传输系统和路由设备传输到控制中心，田间的多组传感器的各个节点之间的组网可以通过算法配对，节点之间可以监控，节点之间互不干扰。利用控制中心的计算机数据库可以监控整个温室环境调节过程的历史数据，通过收集各个节点的数据并对其进行存储、分析和管理，最后根据各类信息进行自动灌溉、施肥、喷药、降温、补光等田间管理的精准控制。

田间管理的智能环境调控技术发展日趋成熟，而现有的多数园艺栽培温室仍旧采用粗放的管理方式，根据经验对室内环境进行人工调节。这种方式过于简单，不利于园艺作物早期快速生长，同时易造成资源的浪费，急需对传统的温室进行改造升级，以便适应园艺精准栽培对田间管理装备的需求。

在病虫害管理方面，目前多数温室依旧通过人工背负式喷雾机或简单汽油机动力的喷枪进行施药，劳动强度大，作业人员长期暴露在农药中容易引发安全事故。此外，这种无差别大容量施药方式往往带来农药残留和环境污染问题，致使园艺食品的品质极大降低。

近年来，智能施药机器人发展迅速并初步用于园艺作物的田间管理，这些施药机器人根据温室生产中杀菌和病虫害防治的要求，结合现有的最新科技成果，应用光机电一体化技术、自动化控制等先进技术在施药过程中按照实际的需要喷洒农药，做到"定点、定量"，实现喷药作业智能化，做到根据植物生长位置进行对靶喷药。通过计算机自主决策，保证喷洒的药液用量最少和喷洒出的雾滴最大程度附着在作物叶面，减少地面沉降的药滴和空气中悬浮漂移的药滴的比例。

日本为了改善喷药工人的劳动条件，开发了针对农田的喷药机器人，机器人利用感应电缆导航，实现无人驾驶，利用速度传感器和方向传感器判断转弯或直行，实现转弯时不喷药；美国开发的一款温室黄瓜喷药机器人利用双管状轨道行走，通过计算机图像处理判断作物位置，实现对靶喷药。周恩浩等人对温室喷药机器人的导航问题提出了一套视觉方案，并对此进行了理论探讨。

图 1-18　温室喷雾机器人

（4）修剪整形

园艺整形修剪是智慧园艺的重要环节，这一环节的目的是促进园艺产品的商品化率，提高经济效益。园艺整形修剪对于园艺的产量非常重要，园艺整形修剪的质量也与开花的繁盛相关。园艺整形修剪的主要目的包括：一是养壮植株，养壮植株的主要措施是疏枝疏蕾。二是培养株型，培养株型应于幼苗期在基部选 3 根主枝为第 1 层。三是更新主枝，更新主枝主要利用基部以上 3 ～ 5cm 抽发的强壮枝。四是决定花期，决定花期主要借助于修剪的时期和部位。修剪要将主干剪至距地面 50 ～ 60cm 处，保留健壮新枝 3 ～ 5 枝，每枝上留 2 ～ 3 片叶，留芽要向外侧。

传统园艺整形修剪作业用到的设备主要包括电动修枝剪刀、造型支架等。其中电动修枝剪刀多采用锂电池驱动，可直接剪断 30mm 直径的枝条，产品重量约为 1.3kg，操作人员可轻松手持作业，单次充电可正常工作约 10 小时，基本满足园艺田间管理的作业需求；造型支架用来缠绕园艺作物枝条，多采用钢筋焊接为汉字、花瓶、凉亭等造型来进行园林造景。

园艺整形修剪作业的机器人属于前沿科技（张超，2022），作者团队正进行相关的研究。

（5）无人采收

智慧园艺研究的主要关键点是无人采收（马伟，2018）。由于园艺采收的传统作业方式主要依靠人工，存在劳动强度大，时间紧等问题。以花蕾采收为例，每年的 4 月下旬至 6 月上旬是采摘期。从花蕾形成到花全开放的过程可分为现蕾期、中蕾期、蕾饱满期、花瓣始绽期、半开期和全开期 6 个时期。药用，要求花蕾充分膨大，花瓣尚未开裂，即蕾饱满期采摘。提炼精油，应在花蕾半开呈杯状，即半开期采摘。采摘的具体时间是早晨 5：00 ～ 8：00 较适宜。采收过程中避免机械损伤，要求花农必须使用网布进行田间采收，且花蕾应低于网布上部边缘 10cm。从田间采出后要插入保鲜液中，避免花头碰撞到采收车周围。采收分 3 个级别，即 40 ～ 50cm、60 ～ 70cm、80cm 以上，不同等级的分开放置，以免花蕾和上部叶子被刺损伤。

由于采收对象的特殊性，采收环节需通过人工来完成，目前还没有成熟的精准化作业机械设备可以替代人工。随着农机智能化发展和农机农艺的精密结合，未来这两个生产环节有望实现自动化和智能化，从而推动园艺栽种方式的更新换代。

1.4 关键技术和装备

农业 3S 技术即指遥感技术（Remote Sensing，RS）、全球定位系统（Global Positioning System，GPS）和地理信息系统（Geographic Information System，GIS），是目前对地观测系统中空间信息获取、存贮、管理、更新、分析和应用的 3 大支撑技术（王晗 等，2020）。3S 技术综合汲取 RS、GPS、GIS 的特点，开启了农业精准化发展的时代。每个"S"各司其职，既独立又统一，遥感技术（RS）负责收集数据及监控，全球定位系统（GPS）负责精准定位，地理信息系统（GIS）充当最终的"大脑"对信息进行空间管理和快速分析。

1.4.1 遥感技术（RS）

任何物体都具有光谱特性，具体地说，它们都具有不同的吸收、反射、辐射光谱的性能。在同一光谱区各种物体反映的情况不同，同一物体对不同光谱的反映也有明显差别。即使是同一物体，在不同的时间和地点，由于太阳光照射角度不同，它们反射和吸收的光谱也各不相同。遥感技术就是根据这些原理，对物体做出判断（图1-19）。

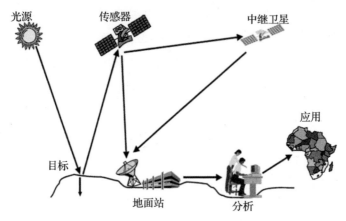

图 1-19　遥感技术原理

遥感技术通常是使用绿光、红光和红外光三种光谱波段进行探测。绿光段一般用来探测地下水、岩石和土壤的特性；红光段探测植物生长、变化及水污染等；红外段探测土地、矿产及资源。遥感技术即从远处记录目标的电磁波特性，通过分析揭示出物体的特征性质及其变化的综合性探测技术。起初应用于军事领域，到了20世纪80年代，该技术逐渐开始在农业生产领域中推广，其在有效提高农业生产效率的同时，还能通过分析农业气象大幅度降低气象灾害对农业生产的影响。该技术主要应用在如下方面：

（1）园艺作物长势监测及估产

在不同的生长发育时期，园艺作物外部形态和内部结构都具有一定的周期性和差别性变化，并且对于不同的作物，发育期和长势也不尽相同，不同农作物、不同时期的光谱反射率也不同。农作物的叶面积指数（LAI）可以表征农作物长势，而叶面积指数与生物产量之间又存在较强的线性关系，利用这一特性可以通过测定叶面积指数来监测农作物的长势，并进行产量估算。借助遥感技术形成的影像图集，可以将农作物估算产量和实际产量进行对比，依据出现的偏差以及偏差程度进行优化，优化后的模型可以快速高效地对农作物生长情况和产量进行估测。

（2）农作物播种面积测算

根据不同的辐射光谱，分析多光谱影像呈现出的不同颜色，能够区分不同的农作物。搭载遥感器的卫星或飞机在田地上空飞行时，可以准确迅速地获取某类农作物的具体播种面积，通过对这些数据和分布图的分析处理，即可估算出该类农作物的播种面积。在估算的过程中，也可很大程度消除农田播种面积的统计误差。

（3）农作物灾害监测

农作物叶面积指数和叶绿素含量的高低能够反映植物的生长状况，同时也可以作为监测植物是否处于受胁迫或被外界环境因子干扰的指标。当农作物发生病虫害时，植物叶片的叶面积指数及叶绿素含量都会降低，利用遥感技术对数据进行采集并与正常植物的波段进行比对，能够判断出农作物的受灾害程度。据了解，全世界每年有 20%～40% 的粮食被病虫害侵蚀，中国也是农业病虫害频发、广发的国家，借助遥感技术不仅可以实现快速、动态、无损、大面积的农作物病虫监测，结合其他自然灾害模型，还能对农业生产过程中的旱灾、洪涝、冻害等发生、发展、损失等进行有效监测。

1.4.2 全球定位系统（GPS）

全球定位系统于 20 世纪 70 年代由美国开发，早期也是出于军事目的，主要为美国海、陆、空三军提供全天候和全球性的导航与情报收集服务。是由地面控制系统、空间和用户装置等组成的空间卫星导航系统，可以全天候对目标进行定位及导航处理，具有精密度高、抗干扰能力好、保密性强、定位速度快等特点。

全球定位系统卫星在离地面 20200km 的高空上，以 12 小时的周期环绕地球运行，使得在任意时刻，在地面上的任意一点都可以同时观测到 4 颗以上的卫星。由于卫星的位置精确可知，在全球定位系统观测中，可得到卫星到接收机的距离，通过求解4个方程式，从而得到观测点的经、纬度和高程（图1-20）。全球定位系统可持续、实时地向用户提供精准的三维位置、三维速度和时间信息，在精准农业中主要应用于智能化农业机械作业中。为了提高精度，精准农业广泛采用了差分全球定位系统（DGPS）技术，即"差分校正全球卫星定位技术"，这类产品定位精度一般可达分米和米级。将全球定位系统接收机与农田机械相结合，可以实现精确定位、田间作业自动导航和测量地形起伏状况的功能。该技术在农业方面的主要应用有：

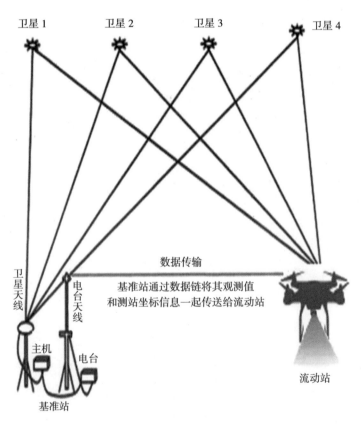

卫星1　　卫星2　　卫星3　　卫星4

数据传输
基准站通过数据链将其观测值
和测站坐标信息一起传送给流动站

卫星天线　电台天线

主机　电台

基准站

流动站

图1-20　全球定位系统原理

（1）地质测绘

全球定位系统在使用过程中受地形的影响很小，精度又高，可以利用这一特性在农业机械田间作业时对所属地形进行精准测绘，并对地形地势准确分析，有助于后续的一系列田间耕作。

（2）土壤养分分布调查

结合采样车辆在农作物播种前对农田中的土壤进行采样，全球定位系统接收机通过将采集的土壤样品点位置精准定位并录入计算机，即可得到土壤样品点位分布情况，有助于对不同地区、土壤差别和土壤结构进行比对分析，从而实现对微量元素与有机化肥的科学配比。

（3）精准施肥、灌溉及耕作

依据农田土壤养分含量分布情况实现农作物施肥的科学配比，搭配全球定位系统接收机的喷施器即可实现田间精确施肥。同样，利用全球定位系统动态定位及系统命令，结合其他农业机械作业，可在田间作业时实现精准灌溉以及精准耕作。如，欧美一些国家在收割机上安装差分全球定位系统和地理信息系统，通过差分全球定位系统进行精准定位和高度测量，利用地理信息系统记录和显示收割机的当前位置、农田单位面积产量和地面地形起伏情况。

1.4.3 地理信息系统（GIS）

地理信息系统是 20 世纪 60 年代中期开始逐渐发展起来的一门新技术，与遥感技术、全球定位系统几乎同步发展，是一种将地理信息采集、存储、管理、分析和显示的综合系统，可以称为 3S 技术的“中枢神经”。在高速网络下，地理信息系统可以实现数据资源的及时更新与共享，搭配专业的农业专家系统，通过数据的比对、分析，即可建立起各种专业的农业产业模型，有助于决策者快速分析区域空间差异，从而提出科学“处方”。地理信息系统作为精准农业的主导部分，可用于农田土地数据管理，对土壤、自然条件、作物苗情、作物产量等情况实时查询，并以此快速绘制各种农业专题地图，同时还能对不同类型的空间数据进行采集、编辑及统计分析。地理信息系统应用包括：

（1）农业空间数据管理

地理信息系统是空间数据的管理系统，是对农业采集数据进行存贮和管理的空间信息系统，可以用于农田数据管理，即可远程实现对土壤状况、自然条件、作物长势、产量等数据的查询。如，欧美国家在使用安装差分全球定位系统和地理信息系统的新型收割机进行农间收割作业时，实时记录收割机的位置，并依据产量计量系统自动称出果实的重量，粮仓中农作物流入速度和流出的总量也可通过量仪器随时测出，这些数据能实现实时记录并传递给收割机操控室。

（2）农业专题地图分析

依据采集的各种离散农业空间数据、全球定位系统传感器的数学计算，形成各种类型的农业专题地图，再利用地理信息系统复合叠加功能将不同的专题数据进行组合，形成新的数据集以便于综合分析。如，对土壤类型、水分分布、地形、农作物覆盖面积等进行专题数据采集，并将这些不同类型的点、线、面进行空间重叠，建立不同数据在空间上的联系，有助于决策者数字化和可视化分析。

1.4.4　机器视觉技术

人获取外界信息的主要途径就是眼睛，通过眼睛可以了解被观测物体的大小、形状、颜色和位置等。而机器视觉从仿生的角度，模拟人类眼睛让机器实现对环境的观察和目标物的识别。其过程为通过视觉传感器进行图像采集，之后由图像处理系统进行图像处理和分析，提取所需信息（赵立虹 等，2021）。机器视觉系统主要包括光源、目标物、相机、处理系统等。相机将目标物转换成图像信号，并传送给图像处理系统。图像处理系统将其转换成数字信号，然后对这些信号进行各种运算，抽取目标的颜色、纹理、形状、尺寸等特征，进而控制现场的机器动作（图1-21）。机器视觉的主要研究目标是让计算机具有通过二维图像认知三维环境信息的能力，能够感知与处理三维环境中物体的形状、位置、姿态、运动等几何信息。另外，利用机器视觉技术对植物生长过程进行三维重构是目前国内外的研究热点。

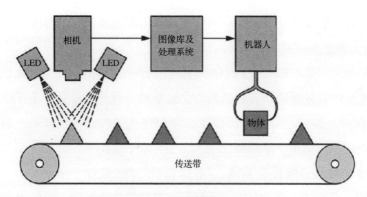

图 1-21 机器视觉系统

植物生长周期长，利用三维重构技术可将作物在虚拟空间中结构的发育与生长过程进行仿真，并以三维图像进行展现，不仅能够直观、精确地呈现植物的三维生长过程，还可对植物的生长进行预测，为生物育种、育苗提供高效便捷的实验方法。

（1）农作物生长信息的监测

在植物的生长过程中，通过对图像的处理和分析，可获取和监测植物的实时生长情况，根据这些数据可以及时判断作物生长过程中是否缺水、缺肥以及是否发生虫害等现象，然后可以有效地控制风扇、灌溉系统、施肥系统等调节植物生长环境，以满足植物的需求。就园艺精准栽培而言，该技术可用于园艺生长状况监测和病虫害管理。

（2）农副产品的识别与分级

机器视觉应用在农副产品的识别与分级中，主要指利用农产品表面所反映出的一些基本物理特性，对农产品按一定标准进行质量评估和分级。常见对大米、小麦、玉米以及其他谷物的识别和分级，例如根据应力裂纹、形态、染色后颜色特征等，应用神经网络、高速滤波等技术来进行识别和分类。

（3）农产品质量检测与鉴定

利用机器视觉对采集到的农产品外观图像进行处理与分析，可获得决定农产品品质的颜色、尺寸、形状及表面缺陷等参数，因此将机器视觉技术应用于农产品质量检测有着不可比拟的优越性（李惠玲 等，2020）。常用于对肉类、各种农副产品、蔬菜、瓜果产品的出厂包装、质量合格检测等。

（4）农产品的自动收获

机器视觉技术在收获机械中的应用是近年来热门的研究课题之一。智能机器人作业前首先需要对目标进行识别和定位，然后才能进一步采取措施。1991 年日本 Kubota 公司成功研制了一种用于橘子收获的机器手，能从果园自然环境中识别橘子，准确率为 75%。P．W 等提出了一套图像采集系统及图像增强和特征信息提取算法，用于增强原始图像和"多果"、"单果"图像分割。分别于白天和晚上在桃园和苹果园进行实验，结果表明该系统水果的识别正确率为 89%。在园艺自动采收过程中，机器视觉技术将不可或缺。

1.4.5　传感器技术

农业传感器主要包括生命信息传感器和环境传感器。生命信息传感器是通过检测植物生长过程中植物信息元素和农药化肥等元素含量，并对植物生长体征进行数字化处理，进而分析植物生长状况。环境传感器主要是对水分、土壤、空气等植物所生长的环境进行监控分析，及时了解环境变化，保证植物成长和农作物质量达到优质水平。传感器在农业生产中起着不可或缺的作用。施肥、喷药、灌溉等环节，都需要传感器的数据采集，通过对所种植产品的土壤、害虫、湿度等的数据来判断何时施肥、何时喷药、何时灌溉以及所需分量，从而避免传统经验式管理的资源浪费和对环境的破坏（徐磊 等，2014）。目前，常用的农业传感器主要包括温度传感器、湿度传感器、光照度传感器、pH 传感器、气敏传感器、生物传感器、光电传感器和压力传感器等。

（1）温湿度传感器

它是目前智慧农业中应用范围最广的一类传感器，广泛用于温室大棚、土壤、露天环境、植物叶面、粮食及蔬菜水果储藏等过程中的温湿度监测。其中无线空气温湿度传感器用于检测农业环境中空气的温湿度，通常安装在温室大棚或畜禽舍中空气流通的遮阳处。土壤温湿度传感器安装在作物根部土壤中，安装时根据作物的不同根系深度情况确定传感器埋土深度，每个大棚或温室通常安装 2～4 个不等，用以检测作物生长发育过程中土壤温度、水分含量及变动情况，便于及时和适量浇灌。园艺精准栽培对环境温湿度要求较高，因此温湿度传感器被用来采集温湿度数据，同时在电脑端或者手机端进行显示，以便以用户能够实时查看环境参数变化情况（图 1-22）。

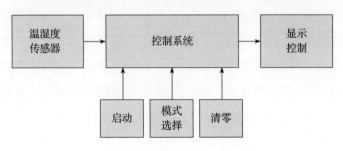

图 1-22　温湿度传感器功能框图

（2）光照度传感器

光照度是指物体被照明面上单位面积得到的光通量。智慧农业中的光照度传感器普遍采用对弱光也具有较高灵敏度的硅兰光伏探测器，具有便于安装、防水性能好、测量范围宽、传输距离远等特点，尤其适用于农业温室大棚，用来检测作物生长所需的光照强度是否达到作物的最佳生长状况，以决定是否需要补光或遮阳。

（3）风速传感器

风速传感器主要在室外使用，用于组建气象风速的监测采集使用。温室中普遍使用遮阳网和卷膜来进行遮光和保温，当遮阳网或是卷膜展开时，风速如果过大，将对遮阳网和卷膜造成损害，而系统会根据风速传感器收集得到的风速信息做计算处理，用于在高风速的情况下及时地收回遮阳网和卷膜，防止大风对遮阳网和卷膜造成破坏。

（4）二氧化碳传感器

农业中的二氧化碳是绿色植物光合作用的原料之一，而作物干重的 95% 来自光合作用。因此，二氧化碳已经成为影响农作物产量的重要因素。为了保持冬季大棚蔬菜生产的温度，通常将大棚保持在关闭状态，导致大棚中的空气相对阻塞，并且不能及时补充二氧化碳。日出后，由于蔬菜的光合作用加快，棚内的二氧化碳浓度急剧下降，有时会降至二氧化碳补偿点以下，蔬菜作物几乎不能进行正常的光合作用，影响蔬菜的生长发育，引起疾病并降低产量。鉴于这种情况，在农业温室中安装二氧化碳传感器可以确保在监测到二氧化碳浓度不足的情况下及时发出警报，从而使用气肥料，保证作物正常生长。该传感器采用硅基的非散射红外传感器，带独特的内置参比；先进的单光束双波长测量，无移动部件，有卓越的长期稳定性。传感器实时监测室内的二氧化碳浓度，通过调节气体的补充量来保证室内植物光合作用下所需的二氧化碳的浓度要求。

（5）营养元素传感器

一般用于无土栽培环境所调配的营养液中各种营养元素的含量检测，也可以用于普通温室、大棚中的土壤营养元素含量检测，以决定是否需要施肥。

（6）农业气象站

农业气象站是独立的单元，被放置在农田的各个位置。这些站点结合当地农作物和气候的传感器。以一定间隔测量并记录诸如气温、土壤温度、降雨量、叶片湿度、叶绿素、风速、露点温度、风向、相对湿度、太阳辐射和大气压力等信息。这些数据被编译后发送到中央数据平台，可以为农户生产决策提供依据，从而减少气象灾害引起的作物减产。

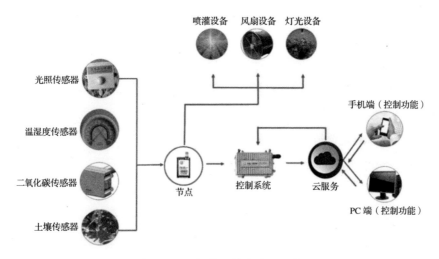

图 1-23　智慧园艺传感器系统

1.4.6 物联网技术

物联网技术是指通过射频识别（RFID）、红外感应器、全球定位系统、激光扫描器等信息传感设备，按约定的协议，将物品与互联网相连接，进行信息交换和通讯，以实现智能化识别、定位、追踪、监控和管理的一种网络技术。其核心和基础仍然是互联网技术，是在互联网技术基础上的延伸和扩展的一种网络技术，其用户端延伸和扩展到了物品和物品之间，进行信息交换和通讯。农业物联网，即通过各种仪器仪表实时显示或作为自动控制的参变量参与到自动控制中的物联网。可以为温室精准调控提供科学依据，达到增产、改善品质、调节生长周期、提高经济效益的目的。大棚控制系统中，运用物联网系统的温度传感器、湿度传感器、pH 传感器、光照度传感器、二氧化碳传感器等设备，检测环境中的温度、相对湿度、pH、光照强度、土壤养分、二氧化碳浓度等物理量参数，保证农作物有一个良好的、适宜的生长环境。远程控制的实现使农民在家里就能对多个大棚的环境进行监测控制，采用无线网络来测量获得作物生长的适宜条件。

1.4.7 专家系统

专家系统由知识库（知识集合）、数据库（反映系统的内外状态）以及推理判断程序（规定选用知识的策略与方式）等部分为核心，一般由知识库、数据库、推理机、解释部分、知识获取部分等 5 部分组成（图 1-24）。专家系统的工作方式可简单地归结为：运用知识，进行推理。

具体地说，农业专家系统是运用人工智能的知识表示、推理、获取等技术，总结和汇集了农业领域的知识、技术及农业专家长期积累的大量宝贵经验，并及通过试验获得的各种资料数据及数学模型等，来建造的各种农业"电脑专家"的计算机软件系统。由于具有智能化能进行分析推理，独立的知识库增加和修改知识十分方便，且开发工具使用户不必了解计算机程序语言，并带有解释说明功能等，较其他通常的计算机程序系统更为实用。

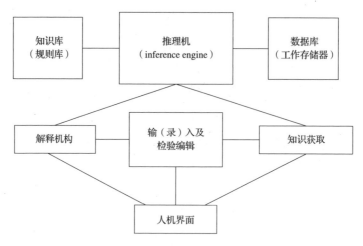

图 1-24　农业专家系统模型

农业专家系统可应用于农业的各个领域，如作物栽培、植物保护、配方施肥、农业经济效益分析、市场销售管理等。例如，病虫草害防治专家系统是针对作物不同时期出现的各种症状和不同环境条件，诊断可能出现的病虫草灾害，提出有效的防治方法。栽培管理专家系统是在各个作物的不同生育期，根据不同的生态条件，进行科学的农事安排，其中包括栽培、施肥、灌水、植物保护等。栽培部分包括品种选择、种子准备、整地、播种、田间管理与收获，优化它们之间及其与产量之间的关系；施肥部分主要是优化肥料与产量的关系；水分管理部分主要是合理灌排，优化水分与产量的关系；植保部分主要是病虫草害的预测和控制。

专家系统来自专家经验，它们代替为数极少的专家群体，走向地头，进入农家，在各地具体地指导农民科学种田，培训农业技术人员，把先进适用的农业技术直接交给广大农民。农业专家系统像"傻瓜"照相机那样，可以把农民当前种田技术迅速提高到像专家水平，这是科技普及的一项重大突破。

1.5 前景展望

智慧园艺不断普及、发展和成熟（徐磊 等，2014），未来发展方向将呈现几个方面的特点：一是将呈现高度数字化和智能化的发展趋势，园艺全过程数字化和全流程智能化将成为必然趋势；二是将呈现基于 AI 的无人化园艺场景，劳动力短缺、昂贵和不标准作业的瓶颈问题将得到有效的解决；三是将呈现个性化园艺，将会产生诸多细分的园艺领域，极其专业的栽培手段、种质资源将成为盈利的关键点。

第 2 章
园林环境智慧园艺技术与装备

2.1 园艺土壤精准处理技术与装备

2.1.1 园艺土壤特性

大田智慧园艺在传统园艺基础上升级发展起来，以北京等大城市郊区果园的建设为代表，近几年来蓬勃发展。大田环境智慧园艺发展过程中，首先要面临的是农田土壤问题（李萍萍，2013）。园艺中的土壤是指果园表面上能够生长植物的疏松表层，土壤为植物提供根系的生长环境，树木生长所必需的水分、空气、矿质元素等是植物直接从土壤中摄取（图2-1）。土壤是园艺生态系统中物质与能量交换的重要场所，同时它本身又是生态系统中生物部分和无机环境部分相互作用的产物。

图2-1　园艺土壤

智慧园艺把提高农产品的品质和栽培的经济效益作为首要目标，这就对土壤的科学利用提出了较高的要求，既要满足园艺作物生产的需求，又要维持果园生态处于最佳的状态（Panahi K H，2013）。因此需要对土壤进行科学的调理，使得土壤成为食物安全与人体健康的基本保障，在保护环境和维持生态平衡中具有重要作用。

图 2-2　作者指导的大田环境园艺土壤的开挖现场

（1）土壤酸碱性对营养元素有效性的影响

在土壤特性中，土壤酸碱度是基本性质之一，是土壤熟化培肥过程的一项重要指标（季天委，2020）。土壤酸碱性共分为 7 级，土壤酸碱度分级如图 2-3 所示。

图 2-3　土壤酸碱度分级

大田环境园艺作物，在不同 pH 条件下对各种营养元素的吸收利用率不同。当土壤 pH 超出合适范围，随着 pH 的增大或减小，植物生长受阻，发育迟缓。大田环境易受到养分流失等问题的困扰，发展智慧园艺要重视土壤中养分的动态流失问题，及时对土壤酸碱度、养分进行动态调节，调节的参照标准值见图2-4。

①氮在pH6～8时有效性较高，是由于pH<6时，固氮菌活动降低，而pH>8时，硝化作用受到抑制。

②磷在pH6.5～7.5时有效性较高，由于pH<6.5时，易形成磷酸铁、磷酸铝，有效性降低，在pH>7.5时，则易形成磷酸二氢钙。

③酸性土壤的淋溶作用强烈，钾、钙、镁容易流失，导致这些元素缺乏。在pH>8.5时，土壤钠离子增加，钙、镁离子被取代形成碳酸盐沉淀，因此钙、镁的有效性在pH6～8时最好。

④铁、锰、铜、锌、钴5种微量元素在酸性土壤中因可溶而有效性高；钼酸盐不溶于酸而溶于碱，在酸性土壤中易缺乏；硼酸盐在pH5～7.5时有效性较好。

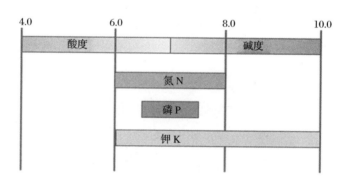

图2-4　pH值范围对主要营养元素的吸收利用影响

（2）土壤酸碱性对植物的影响

植物可在很宽的范围内正常生长，但不同植物有各自适宜的pH值范围。大多数植物在pH>9.0或PH<2.5的情况下都难以生长。喜酸植物有杜鹃属、越橘属、茶花属、杉木、松树、橡胶树、帚石兰；喜盐碱植物有柽柳、沙枣、枸杞等。

植物病虫害与土壤酸碱性相关。地下害虫的爆发往往需要一定范围的pH条件，如竹蝗喜酸而金龟子喜碱；有些病害只在一定的pH范围内发作，如猝倒病往往在碱性和中性土壤上发生。土壤酸碱性的不合理也会减弱植物的抗病能力。

（3）中国土壤酸碱性分布和变化规律

中国地域辽阔，属于热带、亚热带地区，广泛分布着各种红色或黄色土壤的酸性土壤。我国土壤酸碱性分布和变化规律是：土壤 pH 从南向北递增，南方多酸性土壤，北方多碱性土壤，西北地区土壤碱性更强（图 2-5）。

图 2-5　中国南北方土壤酸碱性趋势

（4）土壤酸碱性判定方法

① 土壤酸碱度测试仪。土壤酸碱度测试仪（图 2-6），可用于检测土壤 pH 的专用仪器，是由数值指示的电流表、金属传感器和功能数值切换装置而组合构成。该仪器由金属传感器与土壤相接触，利用化学反应中的氧化还原反应来产生电流。根据电流值的大小自动换算得出准确的 pH。

图 2-6　土壤酸碱度测试仪

② 试纸检测。利用变色试纸可以较快地读取酸碱度的范围。取少量土样用清水浸泡 30 分钟，滴一滴清液在试纸中间和比色卡对比。土壤 pH<7 的是酸性土壤（数字越小，酸性越强），pH>7 的是碱性土壤（数字越大，

碱性越强）。

③机器视觉估判。具有显著视觉差异的土壤可采用机器视觉估判。采自山川、沟壑的腐殖土，多呈黑褐色，质地疏松、肥沃、通透性良好，是比较理想的酸性腐殖土。如松针腐殖土，草炭腐殖土等。而碱性土壤颜色多呈白、黄等浅色。有些盐碱地区，土表经常有一层白粉状的碱性物质。通常北方的土壤偏碱性，而南方的土壤偏酸性。通过以上显著的区别建立图像识别模型，可快速估判土壤的基本信息。

④地表植被判断。野外采掘土壤时，可以观察一下地表生长的植物，一般生长野杜鹃、松树、杉类植物的土壤多为酸性土；而生长柽柳、谷子、高粱等地段的土多为碱性土。

⑤土壤质地判断。在采集土样时，可以根据土壤的硬度来判断土壤的酸碱性。酸性土壤质地疏松，透气透水性强；碱性土壤质地坚硬，容易板结成块，通气透水性差。

⑥人工经验判断。酸性土壤握在手中有一种松软的感觉，松手以后，土壤容易散开，不易结块；碱性土壤握在手中有一种硬实的感觉，松手以后容易结块而不散开。

⑦浇水辅助判断。酸性土壤浇水以后下渗较快，不冒白泡，水面较浑；碱性土壤浇水后，下渗较慢，水面冒白泡，起白沫。如果种花时用的是碱性土壤，浇完水后花盆外围会出现一层白色的碱性物质。

⑧其他信息化手段。采用手持近红外光谱仪、手持 X 光测量仪也能在大田环境下快速测量获取土壤信息。

（5）土壤酸碱度物理改良技术及装备

①土壤酸碱度物理改良技术。要根据土壤具体情况量体裁衣。第一，要弄清大田土壤酸碱度和所要栽培的作物是否匹配，若土壤酸碱度不合适，就需要进行调节改良。根据土壤酸碱度的差异范围确定动态改良的方案（彭炜峰 等，2021）。第二，对于酸性过高的土壤，每年每亩施入 20 ～ 25kg 的石灰，辅助施用农家肥，石灰和农家肥必须同时按比例投入，否则土壤改良效果不好。改良时期宜在播种前 1 ～ 3 个月，以免对作物萌发及生长造成影响。辅助投入草木灰 40 ～ 50kg，中和土壤酸性，更好地调节土壤的水肥状

况。第三，对于碱性过高的土壤，加少量硫酸铝（施用需补充磷肥）、硫酸亚铁（见效快，但作用时间不长，需经常施用）、硫磺粉（见效慢，但效果最持久）、高活性腐殖酸等，根据土壤酸碱度来确定具体施用量。最后，如果苗期要改良土壤，可增施酸性、碱性肥料来调节土壤酸碱度。利用钙镁等碱性元素置换氢离子，提高 pH，还能对作物提供养分。

②土壤酸碱度物理改良装备。土壤酸碱度机械化物理改良采用滚动式结构，内置一定角度和长度的拨片，加入石灰、农家肥或者硫酸铝、磷肥，再加入待处理土壤后，系统自动控制装置滚筒转动，同时根据需要可自行控制间歇转动。完成转动后，可利用系统自带的酸碱度测量传感器获取土壤酸碱度，达到设定值后，自动停止工作。作者设计的土壤处理装备（图 2-7），步进电机功率 550W，单次处理土壤 200kg。该装备可用于实验室内土壤酸碱度物理改良。

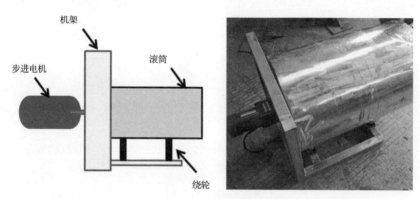

图 2-7　作者设计的土壤处理装备示意图及样机实物图

2.1.2　土壤处理装备

土壤处理装备的研究，主要是满足当今社会对健康、优质农产品需求日益增加的产业现状。都市农业的快速发展，本质是城市快速发展，居民对健康食物要求不断提高，反过来对于土壤的品质要求也越来越高。但是，随着城市工业的发展，土壤污染问题突出，在这种污染的环境中，农作物的品质和产量也遭受了直接的影响。要解决这两者的矛盾，土壤处理是主要途径之一。目前国内土壤治理方法是将化学药品直接喷洒在土壤表面，但是现有的酸碱土壤治理设备只能调节单种治理土壤的化学药品，根据土壤的性质变化再次调节另一种治理土壤的化学药品需要将原有的化学药品清理干净，才可再次调节，浪费大量的人力物力，也不能做到根据土壤的污染程度，自动调控药量，装备的普适性受到限制（曹坳程 等，2022）。

土壤处理可实现机械化、自动化。土壤处理装备（图2-8）可根据预先测定的土壤pH，精准配置所需土壤酸化液。壳体的内部设置有3个搅拌装置、2个搅拌室、1个衔接室。3个搅拌装置用于搅拌不同的化学药剂，从而便于适用不同性质的酸碱土壤，一级搅拌室和二级搅拌室可以根据酸碱土壤污染程度调节药量。

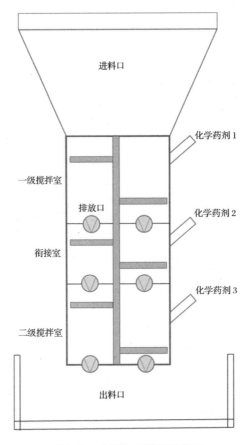

图2-8 土壤处理装备示意图

有机肥料变量调控技术与装备

2.2.1　有机肥特性及其作用

有机肥是改善土壤，提高农作物品质的重要投入品。随着高品质农作物的需求增加，有机肥相关研究受到重视。采用有机肥栽培的农产品，有效保持作物特有的营养和味道，同时对土壤环境具有保护和改良作用（刘宏新，2022）。

① 有机肥有利于土壤提质，确保土壤持续利用。其中的有益微生物能分解土壤中有机物，增加土壤的团粒结构，改善土壤组成。微生物在土壤中的繁殖速度快，生态系统错综复杂。微生物的菌体死亡后，在土壤中留下了很多微细的管道，这些微细的管道不但增加了土壤的透气性，而且还使土壤变得蓬松柔软，养分水分不易流失，增加了土壤蓄水蓄肥能力，避免和消除了土壤的板结。有机肥中的有益微生物还能抑制有害病菌的繁殖，减少植保压力。

② 有机肥有利于养分溶解，确保土壤可高效利用。土壤中的微量元素95% 以不溶态形式存在，不能被植物吸收利用，而微生物代谢产物中含有大量的有机酸类物质，能把微量元素钙、镁、硫、铜、锌、铁、硼、钼等植物必需的矿物元素溶解，变成可以被植物直接吸收利用的营养元素，大大增加了土壤的供肥能力。

③ 有机肥有利于土壤代谢，确保土壤可综合利用。有益微生物利用土壤中的有机质，产生次级代谢物，其中含有大量的促生长类物质。如生长素能促进植物伸长生长，脱落酸能促进果实成熟，赤霉素能促进开花坐果，增加开花数、保果率，提高产量，使果实饱满，色泽鲜嫩，还能提早上市，达到增产增收。微生物在土壤中长期存活，固氮菌、解磷菌、解钾菌等微生物，可利用空气中的氮并释放土壤中不易被作物吸收的钾和磷，持续供给作

物养分。因此，有机肥对园艺作物具有长效性。

2.2.2　有机肥变量调控技术

农业作为第一产业，在中国的国民经济中发挥基础作用，近年来粮食稳定增产，很大程度上得益于农业科技的不断进步，其中增施化肥以及施肥技术的进步对作物增产的贡献率尤为明显。据联合国粮农组织统计，在其他生产因素不变的情况下，增施化肥可使农作物增产 40% ~ 60%。化肥对农业稳产具有重要作用，但化肥不恰当使用会带来问题。

由于传统的粗放施肥和过量施肥，化肥成本已占中国当前农业生产性支出的 30% 以上。根据人工经验采用平均施肥方式，均会造成作物养分投入比例失调，化肥利用率降低，比较效益下降，环境污染严重等问题。同时引起农产品有害物质超标、食品安全性降低、品质下降。

园艺作物要解决施肥问题，就要同时解决施什么肥和怎么施肥的问题。一是要用有机肥部分替代化肥，有机肥可增加作物产量，改善农产品质量，在同等营养元素的条件下，有机肥作基肥施用比化肥效果要好；二是发展精准农业技术替代传统粗放农业，变量施肥是精准农业重点研究的领域之一，变量施肥技术是以不同空间单元的目标产量与土壤理化性质等为依据，通过计算机综合测算分析，结合专家系统、作物生长模型进行施肥量决策，指导变量施肥机进行田间网格差异性施肥。两者结合起来，就是未来园艺施肥的必然趋势。

有机肥变量施肥技术是解决园艺作物施肥问题的关键，农田进行有机肥变量施肥，将会显著减少化肥用量，提高有机肥利用率，达到省肥、省力、省时、省钱的效果。有机肥变量调控是以作物营养专家系统和作物生长模型为支持，以环保、优质、高产为目的，按照农艺要求科学配比，用精准变量施肥机械进行精准的田间定位施肥，实现每一操作单元上因土壤理化性质、作物预产量差异而准确地按需施肥，以最大限度地优化肥料使用（刘宏新，2022），获得最大经济环保效益。

有机肥变量施肥装备是机械化施肥代替人工，减轻农民的劳动强度的关键装备。变量施肥机是变量施肥技术的基础和载体。变量施肥机利用单片机采集园艺土壤养分数据，自动控制排肥装置，实现控肥料的动态调整，达到定时、定点和定量的目的，满足园艺作物对养分的精准需求。

2.2.3　有机肥变量调控装备

有机肥变量施肥装备主要技术原理是通过土壤养分精准获取、处方图生成和变量执行器，自动化地实现定时、定点和定量的施肥。土壤养分精准获取可以自动化完成（图2-9），通过车载方式实现。处方图控制和变量执行器可固定在施肥机（图2-10）上，指导施肥机在田间精准施肥。

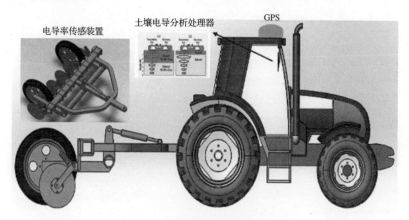

图 2-9　土壤养分电导率测定系统

图 2-10　处方图施肥机示意图

有机肥变量施肥装备有多种结构形式，根据适用有机肥物理参数和施用方式的不同，可分为离心圆盘式撒肥机、风助式撒肥机、摆管式撒肥机、液氮施肥机、液氨施用机、箱式撒肥机、甩链式厩肥撒布机、自吸式厩液施肥机等。

（1）离心圆盘式撒肥机

该机用于撒肥的主要工作部件是一个由拖拉机动力输出轴带动旋转的撒肥圆盘，盘上一般装有 2～6 个叶片，叶片的固定位置和偏转角度可调整。工作时，肥箱中的肥料通过排肥口漏到快速旋转的撒肥盘上，利用离心力将化肥撒出，撒肥盘采用液压马达驱动，通过变量控制器和精准控制转速，达到自动控制撒肥幅宽的目的（图 2-11）。排肥流量可通过排肥口的阀门调节。肥料在圆盘上的落点可以通过调节圆盘固定位置来改变，从而改变肥料抛出的初始速度。可关闭一侧出肥口，以便适应需要进行左、右两侧其中一侧单面撒肥的需要，或满足在有侧向风时调节抛撒面。

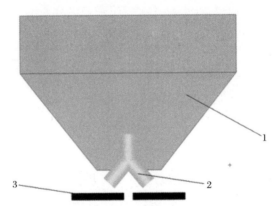

图 2-11　离心圆盘式撒肥机示意图

1- 肥箱；2- 排肥管道；3- 撒肥盘

作者团队设计完成的离心圆盘式撒肥机，采用车载式结构，通过拖拉机牵引，单次可装载肥料 1.5t 以上（图 2-12～图 2-14）。该施肥机采用排链结构输送肥料到排肥口，排链通过液压马达带动，转速可通过施肥变量控制器精准控制。液压控制系统的各个动力部件控制的通讯，采用总线的方式，施肥控制器固定在侧方。

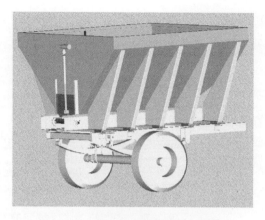

图 2-12 离心圆盘式撒肥机设计图

图 2-13 第一代离心圆盘式撒肥机实物图

图 2-14 第二代离心圆盘式撒肥机实物图

（2）风助式撒肥机

该机将肥料从肥箱中通过排肥器精准排出，从排肥器定量排出的肥料输送至风力输肥管中。由动力输出轴驱动的风机产生高速气流，气流把肥料输送到下方的凸轮分配器，从分配器出来的肥料借助气流作用力，高速通过撒肥嘴，以锥形落在土壤表面（图2-15）。

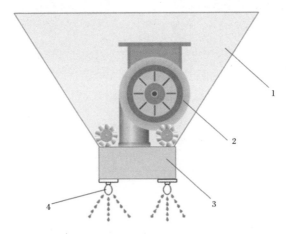

图 2-15　风助式撒肥机示意图

1- 肥箱；2- 风机；3- 传动箱；4- 撒肥嘴

根据上述原理，作者团队研制了风助式撒肥机（图2-16）。该机采用直流150W风机产生的气流作为风源，将肥料精准定量地顺着肥料输送管吹

图 2-16　风助式撒肥机实物图

出。单独配有朝下的进风口防雨装置，避免雨水淋入进风口（图 2-17）。
该机采用直流电驱动排肥，图 2-18 是肥料精准调控驱动电机。

图 2-17　进风口防雨装置　　　　图 2-18　肥料精准调控驱动电机

（3）摆管式撒肥机

摆管式撒肥机在施肥时由动力输出轴驱动偏心轴往复运动，带动撒
肥管摆动，将撒肥管的肥料均匀撒开（图 2-19）。撒肥同时，搅肥装置
不断运动，将肥料从排肥孔均匀输送到撒肥管中。通过控制撒肥机排肥孔
的开度大小可以精准控制单位面积的施肥量，实现根据园艺作物需求精准
施肥。

（4）液氮施肥机

液氮施肥机主要由液氮罐、排液分配器、施肥开沟器及变量控制器等
组成。液氮通过加液阀注入罐内。排液分配器的作用是将液氮分配并送至各
个施肥开沟器。排液分配器内的液氮压力通过调节阀控制（图 2-20）。
施肥开沟器采用犁式结构，后部装有直径为 10mm 左右的输液管，管的下
部有两个出液孔用来将液氮精准排出。镇压轮用来在施肥后，及时将土
壤压实，以防氨的挥发损失。作者团队根据生产需要设计了可用于土壤
消毒和施肥的装备（图 2-21、图 2-22），并在山东莱芜等地进行了推广
应用。

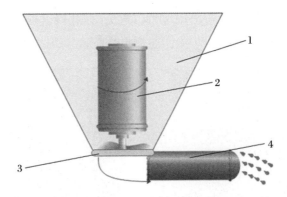

图 2-19　摆管式撒肥机示意图

1- 肥箱；2- 搅肥装置；3- 孔板；4- 摆管

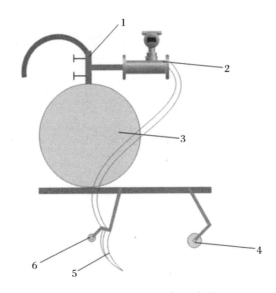

图 2-20　液氮施肥机示意图

1- 加液装置；2- 排液分配器；3- 液氮罐；4- 圆盘刀；5- 施肥开沟器；6- 镇压轮

（5）液氨施用机

液氨主要部件有液肥箱、输液管和开沟覆土装置等。工作时，液肥箱中的氨水靠自流经输液管施入开沟器所开的沟中，覆土器随后覆盖，氨水施用由开关控制（图 2-23）。

（6）箱式撒肥机

箱式撒肥机在装肥时，撒肥器位于下方，将厩肥上抛，由挡板导入肥箱内。这时输肥链反传，将肥料运向肥箱前部，使肥箱逐渐装满。撒肥时，撒肥器由油缸升到靠近肥箱的位置，同时更换传动轴接头，改变输肥链和撒肥器的转动方向，进行撒肥（图 2-24）。

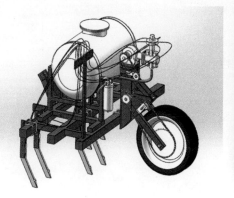

图 2-21　液氮施肥机设计图

图 2-22　液氮施肥机实物图

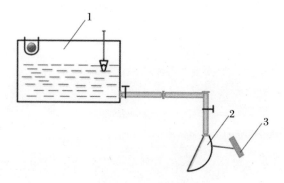

图 2-23　液氨施用机

1- 液肥箱；2- 开沟器；3- 覆土器

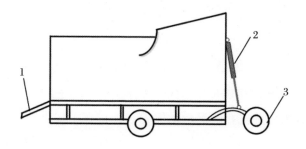

图 2-24　箱式撒肥机

1- 牵引器；2- 油缸；3- 撒肥装肥器

撒肥机可单侧将肥料撒到沟里，和园艺开沟机集合起来，实现开沟施肥。开沟施肥要根据园艺作物的特性，与根部距离和开沟深度可根据需要自行调节。根据园艺开沟施肥的农艺路线要求，作者团队设计了开沟的施肥机械（图2-25～图2-27），反复改进设计后，进行了规模化生产。

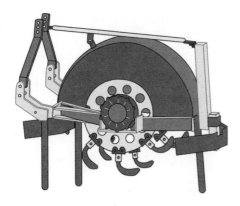

图2-25 施肥用园艺开沟机示意图 图2-26 施肥用园艺开沟机设计图

图2-27 实物图

a和b需组合使用，a用来开沟，b用来施肥

（7）甩链式厩肥撒施机

甩链式厩肥撒施机在圆筒形的肥箱内，设有一根纵轴，轴上交错地固定着多个甩锤链，甩锤链端部装有甩锤。动力输出轴驱动纵轴旋转带动甩锤

链，厩肥被敲碎甩出到果园。甩链式厩肥撒施机可施固态厩肥、粪浆等（尚琴琴，2017）。采用这种侧向撒施方式可将肥料撒到空间狭小、机械难以到达的农田（图 2-28）。

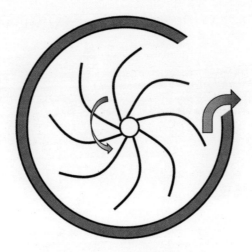

图 2-28　甩链式厩肥撒施机示意图

（8）自吸式厩液施肥机

自吸式厩液施肥机（图 2-29）可直接利用农家肥，装置尾端的吸液管放进厩液池内，打开引射器终端的气门，利用发动机排出的废气产生的负压，使吸气室内的真空度增加，吸气室通过吸气管与液罐接通，使液罐内处

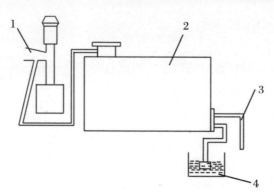

图 2-29　自吸式厩液施肥机

1- 引射器；2- 液肥罐；3- 排肥管；4- 厩肥池

于负压状态，池内液肥在压力作用下流入液罐内（李文哲 等，2014）。完成装液后，装置到达田间施肥时关闭气门，打开排液口，发动机排出的废气对液罐持续加压，罐内被加压液肥在气压作用下从排液管流出并送到一定高度喷出。

2.3 智慧园艺自动整枝技术及装备

2.3.1 月季整枝技术

月季修剪枝整是园林作业中必要的一项，定期为树木剪枝一方面可以美化树冠形状、提高园林景观的美感（宋伟 等，2022），另一方面可以减少过多的枝叶对养分的消耗，以维持树木良好的生长状态。

（1）传统整枝技术

月季在当年生枝条开花，因此，科学修剪可使植株生长旺盛，花繁色丽，树形端正，并可延长开花年限。科学修剪分为生长期修剪和休眠期修剪。

① 生长期修剪。花谢后主要修剪残花病枝、纤弱枝。冬春修剪可适当短剪，促发分枝，以保证鲜花产量。对老枝多的月季株丛要适当重剪。鲜花采收完毕后对枝条密集的株丛要适当轻剪。

② 休眠期修剪。早春发芽前每株留4～5条枝条，距地面40～50cm处修剪，每枝留1～2个侧枝，每个侧枝上留两个芽短截。对定植4～5年的月季园，在冬季修剪病虫枝、衰老枝后重栽，对过密、过旺植株齐地面剪除。

传统人工整枝（图2-30），存在劳动强度大、修剪不标准等问题。尤其是对于规模化种植的月季园，标准化的需求非常迫切，精准机械化修剪发展潜力巨大（宋伟 等，2022）。

图 2-30　传统修剪枝方式示意图

（2）自动整枝技术

机械化、标准化、智能化是智慧园艺未来的发展方向，大型月季种植基地采用自动化技术来进行月季的修剪成为了一种必然趋势。这种技术不仅可有效地提高工作效率，而且可减缓工人劳动强度，实现精准集中修剪。借助信息化数据库，通过专家系统决策，可获取该园区植被最佳修剪方案，节省修剪时间，外观整洁美观，最大限度提高月季的产量，减少失误率。

国内自动整枝技术的出现是产业发展的必然趋势。随着月季种植面积的不断扩大，对于劳动力的需求也在逐渐增加，现有的人工整枝技术无法满足产业发展。为了满足月季种植和修剪的需要，各种机械化作业技术应运而生，并在农业生产中发挥着重要作用。例如旋转型自动修剪刀具，该刀具在刀柄上设置一个按钮，当使用时，按动该按钮可快速修剪。时代沃林公司、一百公司等厂家生产电动修剪装备，主要由刀具、可充电式电池构成。采用电动驱动，主要应用于修剪矮类植物。山东卡博恩公司生产 140FA 四合一高枝电动修剪机，采用拼接式操控手柄，可以同时操控多个操作口，适应大面积修剪作业，可修剪较高树木。还有在小型的机械臂上安装上不同类型的刀具，再将机械臂安装在一个可移动的农用运输车上，通过操纵运输车在田间移动，同时操控机械臂剪切。这种自动整枝技术可以大幅度地减少农民的劳动强度。

国外自动整枝技术快速发展。自动工具产品更新日新月异。例如日本公司研发的 VS8R 月季修剪成套技术，通过操控手柄的方向进行修剪，具有一体化、安全度高等特点，快捷省时省力。美国一些公司利用汽油空压机来产生压缩空气，并通过气管进行传输，气管通过转换分流接头一次可连接十多把修剪道具，这种总分气动技术可以实现十多人同步高效作业。

数字化技术在机械化自动化修剪中扮演重要角色（宋伟 等，2022）。月季应用自动化机械化修剪，要得到最佳的修剪方案，目前多依靠人工经验。和人工相比，数字化技术的采用提高了修剪效率和修剪质量。通过对月季的生长速度和外形进行相应地建模，利用虚拟现实交互农业技术，通过计算机模拟三维建模，并将三维模拟成像网格化，最终得到修剪作物的数据化模型。

数字化技术包括多个技术手段，各有不同特点：一是 3D 模拟技术。该技术是将种植园中月季树做成 3D 模型，对所要修剪的月季树进行参数分析，包括阳光的照射角度，光合作用的强弱，外形的变化速率等，并将采集到的数据加入数据库，使得数字化 3D 模型更精确。同时加入修剪工具的模型，在计算机上进行修剪计划的模拟。通过模拟结果可以直观地获取轮廓变化，也可提前预测轮廓变化。通过不断地实践提高预测精度，也可通过模拟计算得出修剪月季效益最大化的方式。通过计算机电脑模拟修剪，可以科学合理地避开因错误修剪所造成的损失。二是激光扫描技术。该技术主要是通过激光对园艺作物进行扫描，以便获取月季的树径、叶面积、株行距等信息，这些精准的数据提高了计算机管理的精确度，减少误差。激光技术相较于传统的人工测量，具有精度高、强度低和规范化等优势。三是机器视觉技术。该做法通过多角度拍摄方式，收集园艺作物图像信息，之后再将每个图层进行整合，用来构建月季 3D 模型。

综上所述，随着现代农业的不断发展，机械化和自动化已逐步替代人工，成为智慧园艺的主要发展趋势。不久的将来，越来越多的智慧园艺技术将被广泛应用，辅助农民提高产量，减少劳动量，增加收入。

2.3.2　自动整枝装备

自动整枝装备搭载在自走底盘上实现田间移动作业，通过控制器实现机械臂的精准运动，可人工辅助或自动定位，大幅度提高工作效率，降低劳动强度，提高作业质量。移动底盘可采用遥控方式在田间移动，操作人员站在操作平台上，操作电动整枝装备对高大林木进行高效修剪。作者团队设计了一种自动整枝装备作业平台，并在北京平谷林果基地开展应用示范（图 2-31、图 2-32）。

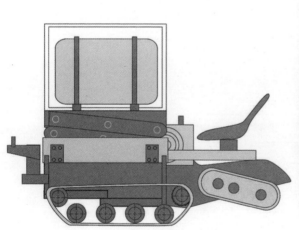

图 2-31　履带式自走自动整枝多功能
装备示意图

图 2-32　履带式自走自动整枝
多功能装备实物图

国内有学者研究了新型的修剪装备，可以在田间实现自动化的精准修剪。海南大学研制的牵引式结构，可以用在月季的修剪作业中。采用侧方固定的功能，可从两侧及冠层同时对行栽月季进行机械化修剪（图 2-33、图 2-34）。

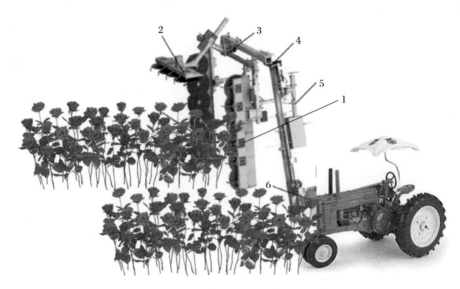

图 2-33　月季自动修剪枝装备设计图

1- 侧部修剪构件；2- 顶部修剪构件；3- 塑形和修剪构件；

4- 塑形和调整构件；5- 残枝移除装置；6- 连接构件

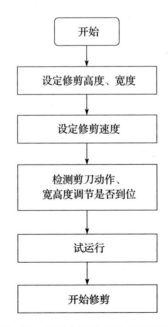

图 2-34　月季自动整枝装备工作流程

2.4　园林无线灌溉控制技术与装备

2.4.1　背景

水资源紧缺已成为 21 世纪农业可持续发展的一个关键问题，世界各国都在研究精准灌溉技术。中国水资源长期处于紧缺的状态，部分地区园艺栽培采用水泵抽取地下水灌溉农田，引发地下水短缺、水位下降等诸多问题。为实现水资源合理利用，采用精准灌溉发展节水农业，改善生态环境，是中国现代农业未来发展趋势。

西方发达国家普遍采用精准灌溉发展节水农业。美国和加拿大等国家，采用电子技术、计算机控制技术等手段，实现大田园艺栽培的精准灌溉，大大提高了用水效率和生产力。以色列大力发展节水型旱地农业，采用滴灌、精准施肥机等装备，实现水资源的高效利用。法国等国家注重水肥一体化技术的发展，采用施肥比例器等设施实现肥料的精准投入。

中国的节水灌溉技术发展迅速。随着数字农业、智慧农业的发展，以单片机控制为核心的精准灌溉控制系统产品不断推陈出新。水肥传感器、水肥装备、水肥配套过滤等产业链基本形成，中国在大田园艺的水肥装备领域逐步发展成种类齐全的产业链（娄晓康，2021）。其中基于物联网的无线灌溉具有代表性。

2.4.2　技术特点

基于物联网的无线灌溉采用远程监测技术、无线通讯技术和互联网技术，实时监测田间气候、土壤墒情，根据作物品种、土壤特点、作物生育期需水，对土壤墒情、作物最佳灌溉时间和适宜灌溉水量进行实时预测，并通过网页、LED 大屏幕、短信等方式进行信息公开，实时发布田间气候、土壤墒情、降雨量、未来最佳灌溉时期和推荐灌溉水量等预报信息，指导农户定时、定点、定量灌溉。在管理上，基于物联网的无线灌溉也可作为地表水灌区、引黄灌区泵站运行和科学调度的参考依据。

该技术适合园艺作物大面积种植使用，可解决监测点多、分布广、布线和供电等需求。在实际应用中，利用物联网技术搭建信息采集网络，采用无线采集模块、高精度土壤温湿度传感器和智能气象站等硬件，实现墒情自动预报、灌溉用水量智能决策、远程自动控制灌溉设备等功能，最终达到精耕细作、准确施肥、合理灌溉的目的。

2.4.3　系统架构

无线灌溉系统由云平台、压力单元、管路系统和控制系统四个部分构成。其中，云平台包括终端平台、数据处理系统（图 2-35）；压力单元包括智能控制箱、变频器、电机等；管路系统包括阀门、施肥罐和过滤器；控制系统包括传感器、电磁阀和视频监控等。与传统灌溉系统相对比，控制系统存在显著的差异。

无线灌溉系统的控制系统包括了多种传感器，可采用移动支架放置在农田中，作者设计的大田无线灌溉系统见图 2-36、图 2-37。系统采用农田温度、湿度、光照、光合有效辐射传感器采集环境信息，可以及时掌握园艺作物生长情况，当园艺作物因这些因素生长受限，可及时调整灌溉方案。采用雨量、风速、风向、气压传感器，可收集大量气象信息，当这些信息超出正常值范围，可及时采取防范措施，减轻自然灾害带来的损失。例如：强降雨来临，控制蓄水池做储水准备，排水系统排出多余水量。采用土壤温度、水分、氮磷钾、溶氧、pH 等传感器进行土壤信息采集（图 2-38），实现合理灌溉，杜绝水源浪费和过量灌溉导致的土壤养分流失。同时也是为了全面检测土壤养分含量，准确指导水肥一体化作业，合理施肥，提高产量，避免由于过量施肥导致的环境问题。

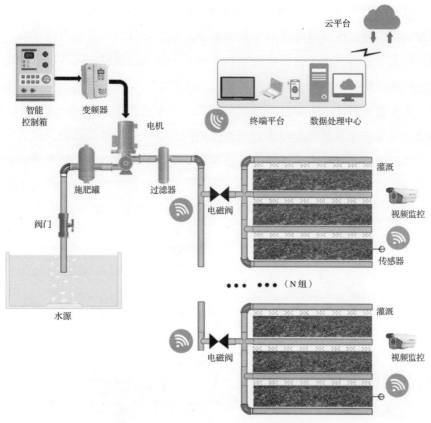

图 2-35　大田无线灌溉系统架构示意图

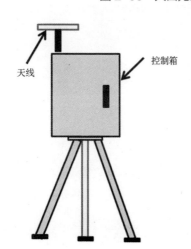

图 2-36　作者设计的大田无线灌溉系统
示意图

图 2-37　作者设计的无线灌溉系统
实物图

无线数据采集器、土壤传感器与电磁阀是数据的采集者与系统自动化功能的执行者。传感器是能感受到被测量的信息并按照一定的规律转换成可用输出信号的器件或装置。无线数据采集器能够通过 GPRS 无线网络将与之相连的用户设备的数据传输到网络中一台主机上，可实现数据远程的透明传输。无线灌溉系统中主要包括测量土壤的水分传感器、pH 传感器和 EC 值传感器，以及其他测量气象要素的雨量传感器、空气温湿度传感器、风速传感器、风向传感器等。电磁阀是本系统中自动化执行终端，可安装在管路系统中实现自动开关（图 2-38）。

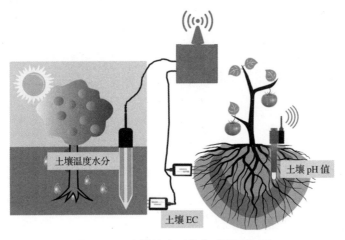

图 2-38　土壤信息采集传感器示意图

2.4.4　系统应用

大田精准灌溉系统规模化应用，多采用精准施肥机进行水肥一体化集中控制（图 2-39）。精准施肥机采用注入技术利用高压水泵将肥料和水溶液充分混合，按照预先设置的分区精准地控制水肥管路，实现肥料用量的精准控制。

该机为网络型施肥机，可通过电脑网页、手机 App 等进行远程设置和调控。施肥流量为 $10m^3/h$，可按照施肥时间、施肥配方、光辐射、土壤湿度等模式进行自动施肥。

图 2-39　作者团队参与完成的大田无线灌溉精准施肥机

大田精准灌溉系统采用的灌溉形式主要有滴灌和喷灌等。滴灌是采用滴灌带连接施肥机，系统通过调节压力，在低压情况下通过支管和毛细管上的滴头直接向土壤提供一定浓度肥料溶液的灌溉方式。肥料溶液在重力和毛细管的作用下进入土壤，使作物根区的土壤保持适宜含水率。喷灌是采用主管道连接施肥机，系统采用水泵加压通过管道输送高压溶液，在空中散成水滴，均匀地散布在种植区（图 2-40）。

图 2-40　大田精准灌溉系统田间效果

　　大田无线灌溉系统由于采用了低成本、低功耗的无线通信技术，避免了布线的不便，提高了灌溉系统布置的灵活性。系统采用土壤温湿度传感器采集土壤数据，根据土壤墒情和作物用水规律实施精准灌溉，不但能有效解决农业灌溉用水利用率低的问题，缓解水资源日趋紧张的矛盾，而且为作物提供了更优的生长环境，提高作物品质和产量。大田无线灌溉系统还支持对有关参数的人工修改和远程控制，降低农产品的灌溉成本，提高灌溉质量，是未来发展节水型现代农业的关键技术。

第 3 章

温室环境智慧园艺技术与装备

3.1 育苗扦插技术与装备

3.1.1 育苗扦插技术

智慧园艺是未来农业发展的重要技术体系目前我国采用这一体系的种植面积约为 236hm^2。传统智慧园艺栽培每隔 3 ～ 4 年完成一次种苗更新种植，盆栽花卉也对种苗有巨大的需求量，因此每年所需智慧园艺种苗约 600 万株。智慧园艺播种育苗具有一定局限性，规模化繁殖智慧园艺种苗一般不采用播种方式。这是由于智慧园艺播种育苗的发芽和生长都比较缓慢，周期较长，而且容易出现返祖退化现象，会降低整体的品质。因此，一般在温室环境中，采用无性繁殖的手段（吴天珍，2021）。温室环境中智慧园艺种苗的繁育多采用扦插繁殖的方式，该方式繁育种苗相对播种育苗，具有速度快、质量好、成本低等特点（Hiroshige et al.，2015）。

（1）技术要点

① 筛选优质枝条。选择健康强壮的枝条进行扦插，有病虫害或者细弱的枝条应避免使用。若枝条叶片肥厚发育充实，蕴含养分充足，在扦插时更容易成功。

② 防止病虫害侵袭。彻底清理扦插枝条介质、盆土，避免病害侵袭。尤其注意黑霉病、枝枯病等容易在扦插时发生的病害，适当地使用杀菌剂是非常必要的。

③ 精准管理水分。插穗剪下后，已无法从母株上获得水分的补充，要提供充足的水以免凋萎。定时、定量的水分供应和保持湿度的温室设施，都是进行智慧园艺商业化育苗的关键（Chattopadhyay et al，2001）（图 3-1）。

筛选枝条　预防病害　精准水肥　扦插育苗

图 3-1　育苗扦插技术要点示意图

（2）技术难点

①借助发根剂促进生根。采用 IBA1000～2000mL/L 浓度溶液可以促进扦插发根，但浓度过高时反而会使插穗腋芽不易萌发，因此控制为适当的浓度才能使扦插苗发根良好。

②筛选适合用作插穗的段节位（周默，2019）。3 节 3 叶的插穗生长比单节插穗快，但成本较高。夏天扦插 20 多天可成苗，冬天约 50 天成苗。春天插穗先长腋芽再发根，因此会影响成活率。

③插穗介质的配方。用泥炭土加珍珠石调配较好。加入含 BA 营养剂或冷藏低温处理以打破腋芽休眠。利用加温床处理可促进冬季扦插苗较快长根，提高繁殖速率。利用蔗糖可以促进成活率及育苗品质。微量元素 Fe、Mn、Zn 可促进扦插成苗。

3.1.2　育苗扦插装备分苗装置设计

育苗扦插机械化作业首要问题是分苗的机械化（林旭翔 等，2021），把成捆的月季枝条分成单个并进行排序。根据实际需求，可设计为振动式分苗装置、滚筒内齿分苗装置和电磁振动式分苗装置。

（1）振动式分苗装置

参考冶金行业机械步进式加热炉工作原理及联合收割机逐稿器结构原理，设计一种振动式分苗装置（图3-2），该装置在输送过程中加载一定的振动，提高分苗装置作业效果。将分苗过程分成两步：第一步通过振动将一堆苗秆铺散开来，第二步将铺散开来的苗秆在定向振动（同时带有一定的输送效果）模式下，形成排列有序的队列。

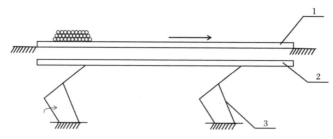

图 3-2　振动式分苗装置简图
1- 定梁；2- 动梁；3- 曲柄摇杆装置

该方案中由电机提供动力带动曲柄摇杆装置运动，曲柄摇杆装置中连杆带动动梁运动。动梁向上运动超过定梁高度时将苗秆抬升，苗秆随着动梁向前运动；当动梁向下运动低于定梁高度时，苗秆落至定梁上，通过上述原理控制苗秆上升、下降运动可以将苗秆堆铺散；动梁向前运动可将苗秆排成队列。

本方案存在以下难点：一是曲柄摇杆装置运动中连杆运动轨迹难以把握。而动梁运动轨迹直接影响到苗秆振动效果和工作效率。运动轨迹研究有经验法与编程模拟法，通过经验法找到最佳的马蹄形运动轨迹。二是电机转速的调节。电机转速直接影响到动梁运动频率，即振动频率。可通过调电机转速实验得出最佳值。三是四杆装置的加工制造问题。四杆装置在加工过程中，运动副加工困难。四杆装置存在惯性力难以平衡、低副间隙效率低等不利因素，制约此方案。

（2）滚筒内齿分苗装置

参考建筑机械的混凝土搅拌机工作原理，在滚筒内部装上齿，通过转动滚筒（齿随滚筒转动），滚筒内的齿将苗秆一根一根分离，待苗秆运动到高处时受重力，逐一落至下方的滑道内，完成分苗作业（图 3-3）。

图 3-3 滚筒内齿分苗装置示意图

该设计中，由调速电机为滚筒转动提供动力，滚筒壁上装有长度可调、齿形可调、弯曲度可调的拨齿。将插条马蹄形切口端朝外放入旋转中的滚筒底部，随着滚筒转动，拨齿会将苗秆逐一分离出来，到达一定位置下落。

该设计要满足电机转速、拨齿长度、齿形、弯曲度的合理配合，实现将苗秆逐一分离的目的，合理的参数确定通过试验研究确定。

（3）电磁振动式分苗装置

工作原理跟滚筒内齿分苗装置相似，将曲柄摇杆装置换成电磁振动装置，弹性连杆采用大振幅、低频率的结构，电磁振动输送采用小振幅、高频率的结构。当机械指数（振动强度）相同时，大振幅和低频率组合比小振幅和高频率组合在输送速度上有优势。振动式分苗取苗装置设计，主要用振动将插条铺散，同时让铺散开来的插条排列成有序队列（图 3-4）。因此，该设计采用电磁振动输送的方式，可实现高效分苗取苗。再考虑到输送对象外形尺寸，相比其他分苗装置，电磁振动输送更具有优势。

电磁振动输送的振动系统一般用双质体近临界调谐振动，供电方式为晶闸管半波单相整流供电，振幅取双峰值 $0 \sim 1.75\text{mm}$，振动频率 50Hz。电磁振动输送装置具有结构简单、节能、使用寿命长、能实现无级变速、与其他设备系统配合可以升级到自动控制等优点。

3.1.3　育苗扦插装备取苗装置

（1）苗箱下部取苗装置

该设计中，分苗取苗装置主要由苗箱、闭合板、气嘴接头等组成，两块闭合板安装在苗箱底部，利用扭簧实现两块闭合板之间的开和合，气嘴接头设有气口和气腔，且通有负压（图3-5）。

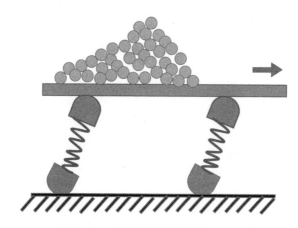

图 3-4　电磁振动式分苗装置示意图

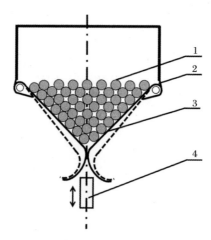

图 3-5　苗箱下部取苗示意图

1- 苗秆；2- 苗箱；3- 闭合板；4- 气嘴接头

其工作原理为：预先将苗秆整齐有序置入苗箱中，当通有负压的板状气嘴接头挤压两块闭合板进入苗箱底部时，气嘴接头端部开口吸附苗秆，使苗秆随着气嘴接头一起运动，从而离开苗箱。

该设计的优点为苗箱能实现自动闭合，防止苗秆外漏；气嘴接头能够准确吸附苗秆。缺点为，苗箱中苗秆一旦被板夹住，会导致下一次取苗受到影响，无法顺利吸附苗和取苗；易造成苗箱内原本摆放有序的苗秆变为无序摆放，且导致架空现象。

（2）苗箱上方取苗装置

该设计方案中，分苗取苗装置主要由扭簧、苗箱、闭合板、气嘴接头等组成，一块闭合板安装在苗箱底部，利用扭簧实现闭合板自动闭合，气嘴接头设有气口和气腔，且通有负压（图 3-6）。

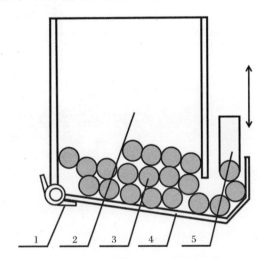

图 3-6　苗箱上方取苗示意图
1- 扭簧；2- 苗箱；3- 苗秆；4- 闭合板；5- 气嘴接头

其工作原理为：将苗秆有序置入苗箱中，此时闭合板在扭簧作用下，关闭苗箱出苗口，当通有负压的板状气嘴接头下压闭合板端部凹槽时，气嘴接头吸附苗秆，并使苗秆随之一起移动，同时闭合板和苗箱侧壁形成出苗口，苗秆滚落至闭合板端部凹槽中，等待下一次取苗。

该结构设计的优点为苗箱能实现自动闭合；苗秆均能有序摆放；气嘴接头可准确吸取苗秆。缺点为苗箱与闭合板形成出苗口后容易出现苗秆堵塞现象；气嘴接头取苗频率过高时，容易出现苗杆在吸附途中掉落。

（3）机械式自开放型分苗装置

该设计中，分苗取苗装置主要由苗箱和气嘴接头构成，苗箱底板处于水平位置或者与水平位置呈现一定的夹角安装，苗箱底部设有苗杆出口，气嘴接头在出口处竖直方向上直接吸附苗杆。

其工作原理为：苗杆被有序放入苗箱后，由于苗杆自重和相互间的作用力，靠近苗杆出口处的苗杆被挤出，气嘴接头沿着苗箱外壁将苗杆吸附并取走（图3-7）。

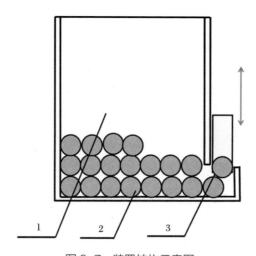

图3-7　装置结构示意图

1- 苗箱；2- 苗杆；3- 气嘴接头

该设计的优点为气嘴接头能够准确吸取苗杆；每次吸附单根苗，而且吸附具有稳定性。缺点是苗箱底板与侧板之间的出苗口处容易出现苗杆堵塞或者架空现象；气嘴接头取苗频率过高时，导致苗杆在吸附途中掉落，出现漏取现象。

（4）气力式滚筒气腔取苗装置

该设计的分苗取苗装置主要由苗箱和取苗滚筒构成，苗箱底板与水平位置呈现一定的夹角安装，苗箱底部侧板和底板处设有出苗口，取苗滚筒紧贴出苗口安装，该取苗滚筒为实心结构，取苗滚筒在其滚筒表面上设有一个仿形凹槽（图3-8）。

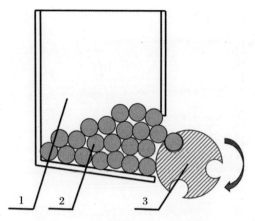

图 3-8　气力式滚筒气腔取苗示意图

1- 苗箱；2- 苗秆；3- 滚筒

其工作原理为：将苗秆有序置入苗箱，在苗秆自重和苗秆之间的相互作用力下，靠近出苗口处的苗秆被挤出，并且立刻与取苗滚筒外壁接触，当取苗滚筒上的仿形凹槽正对贴壁的苗秆时，苗杆滚入凹槽内并同步移动。在取苗滚筒的运动过程中，由于苗秆的重力作用，苗秆会自动滚出，完成取苗过程。

该设计方案的优点为取苗滚筒对苗箱内苗杆有扰动作用，使之自动有序摆放；取苗滚筒能够每次取一根苗秆。缺点为取苗滚筒取苗频率过高时，导致苗杆来不及滚入凹槽内，形成漏取现象；除此之外，取苗滚筒无法适应直径过粗或者是过细的苗杆。

（5）气力式滚筒气嘴取苗装置

该设计方案中，分苗取苗装置主要由苗箱、气嘴接头、取苗钩等构成，苗箱底板安装有倾斜式底板，气嘴接头与底板紧贴且安装在苗箱侧边，在气嘴接头上升的极限处安装有取苗钩，可利用取苗钩将气嘴接头上吸附的苗杆取出并带走（图 3-9）。

其工作原理为：将苗杆置入苗箱后，靠近苗杆出口处的苗杆首先被挤出，此时气嘴接头开口端面与苗箱底板端位于同一水平面，待苗杆滚落至气嘴接头端部，气嘴接头将苗杆吸附并竖直向上运动。当气嘴接头到达极限位置时，取苗钩将苗杆两端钩住，气嘴接头与苗杆分离，取苗钩钩住苗杆做圆周运动，完成取苗过程。

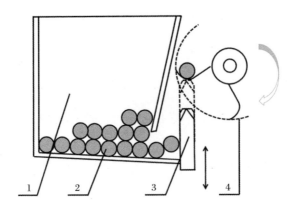

图 3-9 气力式滚筒气嘴取苗示意图

1- 苗箱；2- 苗杆；3- 气嘴接头；4- 取苗钩

该设计方案的优点为气嘴接头不但能准确吸取苗杆，而且气嘴接头能够吸附单根苗杆；气嘴接头吸附苗杆的频率提高时，不会造成漏取。缺点为苗箱间的出苗口容易出现苗杆堵塞和架空现象；当气嘴接头吸附多根苗杆时，取苗钩取苗出现失败，且影响下一次取苗。

（6）气力式滚筒气腔凹槽取苗装置

该设计方案中，分苗取苗装置主要由苗箱、活动块、气腔滚筒构成，苗箱底板与水平位置呈现一定的夹角安装在一起，苗箱底部侧板和底板处设有出苗口，活动块紧贴出苗口安装，气腔滚筒紧贴苗箱外壁安装，该气腔滚筒内部设有气腔，并且通有负气压，气腔滚筒在其气腔壁上设有一个仿形凹槽，凹槽底部与气腔联通。

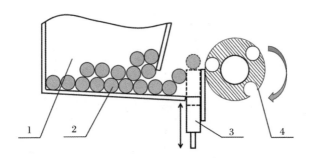

图 3-10 气力式滚筒气腔凹槽取苗示意图

1- 苗箱；2- 苗杆；3- 活动块；4- 气腔滚筒

其工作原理为：将苗杆有序置入苗箱，在苗杆自重和苗杆之间的相互作用力下，靠近出苗口处的苗杆被挤出。当活动块顶端与苗箱底板端部平齐时，苗杆滚落到活动块顶端，并随着活动块一起向上运动。被顶起来的苗杆与气腔滚筒外壁接触后，会停留一段时间，当气腔滚筒上的仿形凹槽正对苗杆时，在负气压的作用下，苗杆被吸附在凹槽内并随之同步运动，在苗箱上的挡苗装置作用下，吸附的苗杆脱离凹槽，完成取苗过程。

该结构的优点为气腔滚筒上的凹槽能够准确吸附单根苗杆；活动块能够高效分离被推挤后的苗杆。缺点为在苗箱底板与侧板之间设置的出苗口，可能出现苗杆堵塞现象；气腔滚筒转速过高时，存在苗杆漏取现象。

3.1.4 基质扦插装置

（1）便携手动扦插装置

便携手动扦插装置由固定板、定位板和限高支腿等构成（图 3-11）。以扦插月季苗杆为例，工作过程中，固定板与定位板上的孔完全重合，将苗杆插入两个板之中。上层的固定板向一侧移动，直至将所有的苗杆被两板加持固定，接着将整个装置向下压，限高支腿会随着向下的受力而收缩。当限高支腿收缩至指定位置时，完成一定深度的扦插作业，将固定板移动回原位，即完成一次扦插。此装置可有效控制苗杆的行距、株距和扦插深度，一次扦插过程，最多可同时完成 300 株扦插，省时省力，同时也避免了扦插作业过程中，月季花刺对人手的损伤。

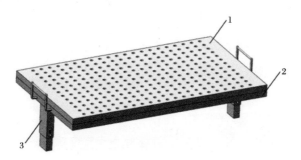

图 3-11 便携手动扦插装置

1- 固定板；2- 定位板；3- 限高支腿

（2）半自动扦插装置

该装置工作原理是先将待扦插的枝条置于放苗板上的苗槽里，苗根部在槽外，预留大约 50mm 部分准备插进基质土中。带叶的部分朝向里侧，压苗电机带动压苗板逆时针旋转 90°，压苗板压在枝条上，压住枝条。电机带动整体向下转动 90°，使观赏苗木垂直于地面，气缸推动放苗板和压苗板整体沿滑轨向下移动，完成扦插，待插入基质土后，放苗板和压苗板张开，气缸收缩带动放苗板和压苗板沿滑轨退回原位，扦插旋转电机带动整体顺时针旋转 90°，完成一个扦插作业过程（图 3-12）。

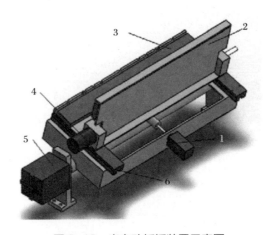

图 3-12　半自动扦插装置示意图

1- 扦插气缸；2- 压苗板；3- 放苗板；4- 压苗电机；5- 扦插旋转电机；6. 扦插导轨

半自动扦插装置扦插工作过程如图 3-13 所示，具体可分为几个步骤：① 首先人工放苗，启动电机运行，带动上板转动压实。② 扦插电机运行，带动整体旋转。③ 气缸运行，推力使导轨往下滑动。④ 压苗电机运行，带动上板往前旋转，扦插电机运行，带动整体后旋转。⑤ 气缸拉动导轨往上滑动。⑥ 扦插电机带动整体回旋。⑦ 压苗电机带动上板回旋，单周期完成，初始化工位。

（3）全自动扦插装置

全自动扦插装置由送苗装置和扦插装置组成（图 3-14）。送苗装置的偏心拨禾轮结构与联合收割机上的类似，确保存储苗木的四列储苗杯的杯口朝上，从而实现一列开始扦插，其他三列同时在装苗，以便提高扦插作业效率。

　　扦插装置主要由双杆气缸带动扦插抓从储苗杯中夹取苗杆。扦插爪固定在扦插架上，扦插架与扦插气缸推头连接，扦插气缸带动整个扦插架上下运动。扦插气缸的缸体固定在扦插架上，当扦插气缸收回时，扦插爪到达储苗杯上合适位置完成夹苗；当扦插气缸伸出时，扦插气缸将夹取的苗杆插入装好土的穴盘中，从而完成扦插动作。扦插深度由夹取位置控制（Niebsch et al，2009）。

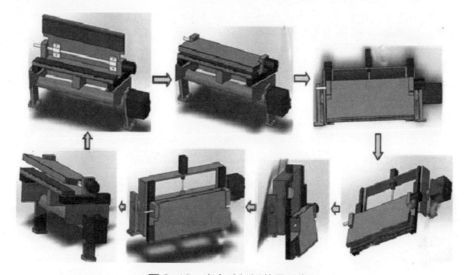

图 3-13　半自动扦插装置示意图

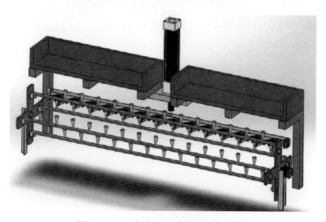

图 3-14　全自动扦插装置示意图

3.2 精准施肥技术与装备

3.2.1 温室精准施肥技术

温室精准施肥技术指根据温室环境中园艺作物培育和营养需求，人工构建一个标准环境，根据作物的需求实现"定时、定量、定点"的施肥（马伟 等，2016）。温室的密闭环境和大田园艺作物的精准施肥相比，更多采用水肥一体化技术实现作物根区的定点施肥，并采用光照传感器、养分传感器等信息采集手段来辅助提高肥料的吸收，提高肥料利用率（傅泽田 等，2017），实现单位面积的增产增收。

基于传感器的温室精准施肥技术，利用传感器采集温室内的环境和土壤数据，依据作物的不同生理阶段特点，利用传感器数据和植物光合作用水肥需求特点，最大限度地满足植物的光合作用，提高作物的肥料利用（图 3-15）。

3.2.2 温室精准施肥机

温室精准施肥机是采用单片机或 PLC 作为控制核心，利用外围传感器采集的数据进行智能决策。作业时，利用水泵将肥料溶液定量地注入到不同区域的管道中，并根据系统设定的压力值进行压力的在线调控（图 3-16）。

该机由作者团队和华维可控农业（成都）科技有限公司推广，有 5 个施肥通道，每个通道施肥流量 360L/h，有两个 EC 值传感器，最大测量范围为 10mS/cm，有两个 pH 传感器，最大测量范围为 14pH。系统可进行配方施肥，包括 EC/pH 配方施肥、水肥比例配方、EC/pH 配方和水肥浓度耦合配方 3 种配方施肥。

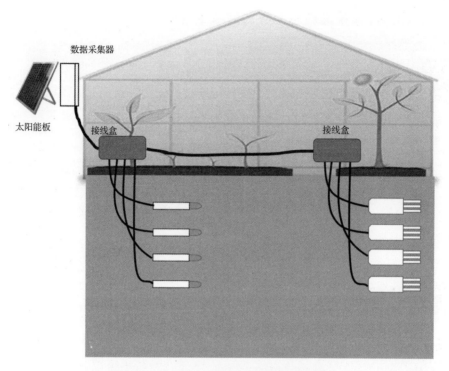

图 3-15 基于传感器的温室精准施肥技术

图 3-16 作者团队参与的温室精准施肥机

3.2.3 温室精准施肥大数据网络平台

温室精准施肥大数据网络平台是可控农业大数据平台的一部分内容，用来动态监控国内部分区域数百个温室基地的精准施肥数据，并提供精准栽培的指导。系统动态计算和统计采用精准施肥累计节水、累计节肥和累计节药的信息。

系统的管理界面具有三维模式，和 VR 模式可直观进行施肥管控。系统可动态获取触发报警、控制设备、传感器、在线设备数量等控制的关键参数。并可以对执行方案、智能控制等进行预设和编程（图 3-17）。

图 3-17　温室精准施肥大数据网络平台管理界面

3.3 智慧园艺巡视机器人

智慧园艺巡视机器人用来对温室进行自动化的巡检，移动过程中获取作物和环境等信息（图 3-18），采集视频信息通过控制器处理后，无线发送到控制室。由于温室环境密闭，通过机器人代替人实现自动巡检，可确保巡检过程标准化，避免人为的干扰，实现温室数据的全方位定时、定点采集。

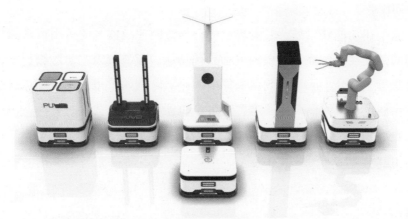

图 3-18　作者团队提出的智慧园艺巡视机器人设计方案

温室环境数据对园艺作物的生长至关重要，作物生长所需的温度、湿度、光照强度等数据都需要实时监测。传统环境数据的获取存在采集点固定、作业受遮挡、人力监测效率低下等不足，迫切需要监测实时性高，移动作业、多信息采集同步的技术装备。智慧园艺巡视机器人很好地满足了温室园艺栽培对新技术装备的需求。

3.3.1　智慧园艺巡视机器人系统

（1）巡视机器人系统

温室园艺生产具有高度自动化水平、高生产效率、低能耗等诸多优点，也存在人力成本高等难题。园艺巡视机器人系统的应用，对温室环境智慧园艺发展具有重大的现实意义。其功能特点需要满足以下 6 个方面：

① 监测植物生长环境，如温湿度、光照、二氧化碳浓度等。

② 巡查植物生长状态，反馈其叶面积、长势健康程度。

③ 搭载的环境控制模块轻便、低功耗。

④ 具备较好的数据传输功能，可以实现远程监测、报警。

⑤ 性能稳定，可以长时间持续工作。

⑥耦合性好，有良好的接口进而与其他系统配合工作，可实现多机器人协同作业。

除上述功能特点外，温室环境中，智慧园艺机器人的运用可采用多机协同的"大兵团作战"思想，可将其按功能、任务分组（如监测环境、监测长势等）、分小队（如数据采集中转小队、视频采集处理小队、机械臂作业小队）进行作业，这就需要对多个机器人同时作业进行管理，通过机器人位置服务对其进行位置分配，作者团队开发了相应软件（图 3-19；表 3-1）。

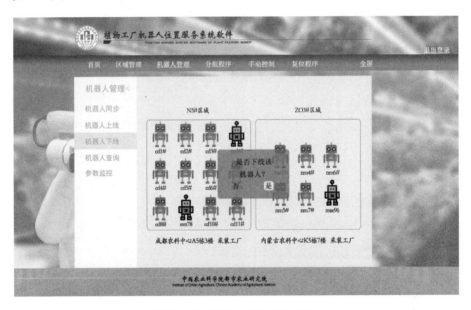

图 3-19　机器人位置服务软件

表 3-1　机器人主要性能参数

性能	参数
整车重量（kg）	30
长（m）×宽（m）×高（m）	0.6×0.7×0.6
最大前进速度（m/s）	1.5
最大动力（kW）	0.4

（2）数据采集中转技术

数据采集中转技术是巡视机器人的关键技术环节。巡视机器人将检测到的温湿度信息、光照强度及位置信息上传到云服务器，利用阿里云服务平台，客户端通过 TCP/IP 协议和云服务器进行交互，不仅可实时查看当前智慧园艺生产状况，还可以对历史农作物数据进行分析。智能巡视机器人数据采集中转示意图如图 3-20。

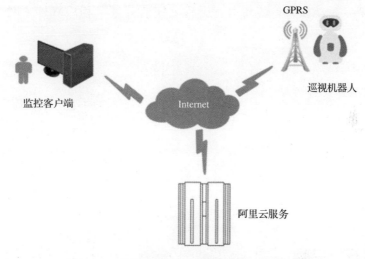

图 3-20　智能巡视机器人数据采集中转示意图

从越障的角度出发，履带式智能巡视机器人相比轮式更加可靠和稳定。履带式智能巡视机器人通过履带驱动底盘，搭载信息采集模块，实现温室数据的移动式采集和实时传输。作者团队设计的履带式智能巡视机器人（图 3-21），已经批量生产和规模化应用。

（3）控制系统

控制系统主要包括驱动控制、定位控制、避障控制、上位机软件、远程数据通信以及供电控制等。实际生产中，工作人员在上位机界面设置一个坐标指令，通过无线通讯模块下发至巡视机器人控制系统。机器人控制系统收到命令后开始移动，同时控制系统对接收到的命令进行解析得到最终要达到的目的地的位置坐标。在移动过程中，履带巡视机器人通过定位系统获得自身位置坐标并通过无线通信模块传输至上位机软件。工作人员通过上位机界面实时了解履带巡视机器人当前的位置坐标及其运动轨迹（图 3-22）。

图 3-21　作者团队设计的履带式智能巡视机器人

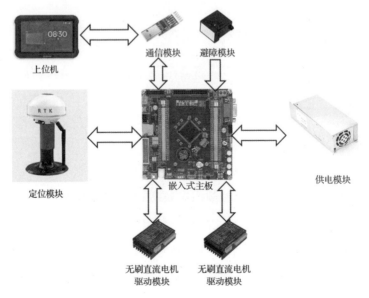

图 3-22　控制系统示意图

控制系统是巡视机器人的"大脑"，主要完成对各个子系统的协调工作。控制系统能够接收到各个子模块反馈的数据信息并进行分析、决策、处理，之后再用于对相关的子模块进行控制。其中，驱动控制完成巡视机器人向前、向后行走控制以及向左、向右转弯控制；定位控制完成巡视机器人在巡视过程中的定位工作，实时将巡视机器人的位置坐标反馈给工作人员，为机器人自主运动提供保障；避障控制完成不断检测是否有障碍物或人体靠近，防止碰撞损坏机器人或作业人员；上位机主要用于工作人员为巡视机器人设定目的地坐标指令以及实时接收并显示巡视机器人当前位置坐标、运动轨迹等信息；远程数据传输是巡视机器人与工作人员的连接纽带，用于各种数据信息的采集传输和接收工作人员下达的任务指令；供电控制为巡视机器人的各个模块提供充足的能源，保证巡视机器人正常的工作。

　　在园艺环境下的巡视，也可以采用动静结合的模式。即动态巡视的机器人和静态放置的传感器协同采集数据，静态传感器将长期连续采集的数据发送给移动的巡视机器人，构建上门收取数据当场决策的应用场景。图 3-23

图 3-23　传感器测试现场

是作者团队开发的巡视机器人传感器测试现场。图 3-24 是中国农业科学院开发的一种土壤传感器数据采集软件的界面。

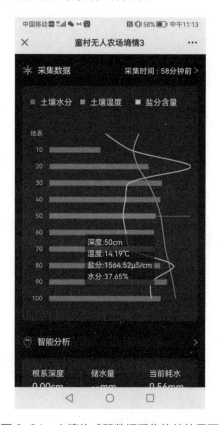

图 3-24　土壤传感器数据采集软件的界面

 3.4 智慧园艺植物保护机器人

植物保护机器人（以下简称植保机器人）作为温室环境智慧园艺田间管理的重要环节，一直受到国内外科研单位的重视，成为研究的热点。国内外在该领域的研究主要集中在无人自走、风助喷雾、变量控制、对靶喷药等几个方面（Ogawa et al.，2006）。

无人自走控制主要依靠机器视觉、激光雷达、超声传感、红外传感、颜色引导等技术，其中机器视觉和激光雷达的耦合是当前最主要的技术手段。

3.4.1　智慧园艺植保机器人

系统主要包括控制器、药箱、风扇、升降装置和其他喷嘴等构成（图 3-25）。控制器主要实现行走和喷药的精准控制，药箱储存农药溶液，风扇用来产生风辅助农药药滴更加均匀地扩散到叶片的背面，杜绝施药死角，完善病虫害防治。升降装置可以根据需要调节风扇的高度，满足喷药雾滴覆盖高大作物冠层的需要。

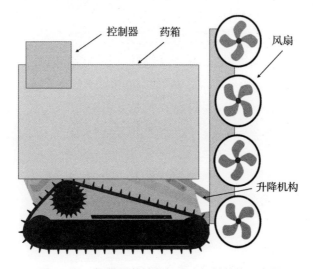

图 3-25　智慧园艺植保机器人机械结构示意图

3.4.2　智慧园艺植保机器人实践

智慧园艺场景的构建需要综合协调多种机器人，作者团队参与建设了成都无人农场的场景，提供了大量科研成果，智慧园艺植保机器人就占据了重要的角色，可以实现果园的无人自主喷药，解决精准喷药的难题。

图 3-26　作者举办的智慧园艺机器人田间演示会

　　温室环境植保机机器人的研究，作者在《图解温室智能装备创制》一书中已经详细论述，本书不做详细介绍。

第 4 章
都市环境智慧园艺技术与装备

4.1 家庭园艺自动控温栽培技术与装备

家庭园艺是指利用温室园艺的相关栽培技术，在家庭内部的空闲地方开展芽苗菜、叶菜和花卉等栽培，满足人们对健康食物和身心休闲的双重需求（李珺，2021）。该技术的核心是园艺栽培技术和智能栽培装备。传统的温室园艺需要较多空间，为了更好地利用空间，家庭园艺要考虑多层栽培的方式（Schupp et al.，2012）。

多层栽培就是将种植盘放置在多层架子上，整个生长期都在架子上完成，利用家庭的一个角落狭小的空间完成种植（张梅 等，2021），同时具有观赏的作用。为了方便家庭生活的需要，家庭中各角落需要定期打扫卫生，移动式结构非常有必要（陈润毅，2021）。同时也可根据需要搬运到阳台，充分利用太阳光进行补光。此外，栽培装置还应实现自动控温，确保家庭园艺栽培有一个稳定的温度条件，为定期采收提供稳定的条件。

4.1.1 自动控温栽培装置

栽培盘为上网盘和下托盘的双层结构。上网盘底部有很多细孔，细孔的作用是让根可以扎下去，让水可以渗流上来。根扎下去后，一部分根在水面上，一部分根在水面下。水面上的根可以呼吸，满足根的气体交换；水面下的根在下托盘里伸长缠绕，泡在下托盘的水里，为植物生长提供水分。

控温系统为分体式结构，包括控制器、加温系统、降温系统、温度传感器等（图4-1）。控制器根据获取的栽培盘的温度信息和预先设定的温度阈值自动控制加温系统或降温系统，采用51系统单片机作为处理器，温度的显示采用彩色数码管模块；加温系统主要是冬季使用，采用发热丝直接对下托盘的水进行加热，对根部起到提温的作用，确保冬季旺盛生长

（图 4-2）；降温系统主要是夏季使用，采用小型冷气扇对栽培盘的方向吹冷风，冷风能确保小范围内微气候适应植物生长；温度传感器以 4 ～ 20mA 电流信号输出，采用不锈钢封装，传感器放置在下托盘中，实时测量当前栽培盘中的水温，可放置多组，同时采集温度值发送给控温系统的控制器进行处理。

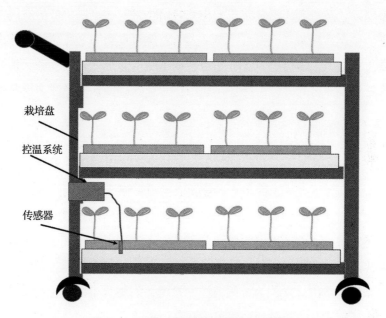

图 4-1 自动控温栽培装置结构示意图

图 4-2 冬季没有室内供暖的栽培效果

该装置有 3 层结构，高 88cm，宽 66cm。装置采用螺栓连接。每层都为凹槽结构，采用 2mm 钢板折弯后焊接喷塑。每层底部到底部的距离为40cm。每层内部通过玻璃防水胶密封，密封后的凹槽不会漏水。根据材料承重强度栽培架最大宽度可以达 2.2m（图 4-3）。

图 4-3　自动控温型栽培装置

控温系统采用模块化设计，包括控制器、传感器等。控制器放置在栽培架上（图 4-4），也可固定在栽培架侧面。控制器采用 220V 交流电源，控制器直接通过内部电源模块转换后给传感器通电。控制器通过两组上下箭头分别控制温度范围。左侧为上阈值控制按键，右侧为下阈值控制按键，中间为程序选择模式开关，包括加温模式和降温模式。

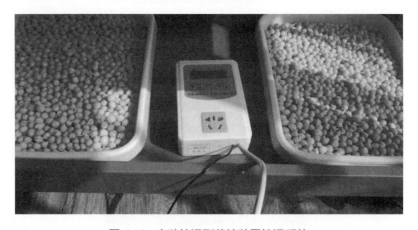

图 4-4　自动控温型栽培装置控温系统

4.2 阳台农业废气循环栽培技术与装备

　　家庭园艺和家居生活密切相关，合理有效的家庭园艺劳作可以缓解一天工作疲劳，让身心愉悦。研究表明家庭园艺的植物通过颜色、气味和形状等对人的健康有一定的帮助（赵小强 等，2021）。另外，家庭园艺通过精准管理和智能装备技术的应用，可以高效地生产健康蔬菜，做到免洗蔬菜订单式供应，满足城市居民"自己动手，丰衣足食"自产健康蔬菜的需求，实现生活和生产同时兼顾，对引导新型都市农业的发展具有重要意义。

　　废气再利用是一种节约能源的形式。当今的家庭中多使用壁挂炉作为主要供热设备，壁挂炉排出的废气通过风扇直接排到户外。直排到户外的废气一方面对生活区的空气有一定污染，不利于城市环境；另一方面自身带有的大量热量没有被充分利用，不利于能源的高效使用。废气再利用的一个有效途径就是用自身温度加热家庭园艺的种植环境，实现废气的绿色环保再利用。

　　研究团队对家庭排放废气的热量进行二次利用，研发了加热型阳台温室。首先在阳台搭建小型温室营造一个封闭空间，再利用废气的热量让冬季栽培的芽苗菜等处于适宜的环境温度。据研究，冬季环境温度适当提高有益于水培蔬菜叶片的生长，而低温不利于叶片的快速生长（张梅 等，2021）。作者团队探索"变废为宝"的途径实现阳台温室中冬季水培芽苗菜的连续生产。

4.2.1　阳台农业废气加热型栽培装置

　　以家庭园艺冬季种植豌豆苗为例，首先在外阳台角落搭建一个塑料温室用来挡风、保湿和保温。有了温室的保护后，可以将壁挂炉的排风口导入温室中，通过蜂窝活性炭对废气处理，每块活性炭价格3元，净化后气体用来给温室增加二氧化碳和热量。冬季依靠该办法将温室内温度提升后，豌豆苗可在栽培架上密集种植（图4-5）。

加热废气的余热，为冬季芽苗菜生产提供热源，同时也为温室内的植物提供较高浓度的二氧化碳，加速植物生长。要安全地利用该热源，需要在技术上进行保障。系统主要包括：阀门、废气管、废气处理单元、壁挂炉、增压泵、出气管共6个组件。壁挂炉产生热源，阀门、废气管、增压泵运输热源，废气处理单元、出气管净化废气。3部分功能配合，保障废气安全和稳定地利用（图4-6）。

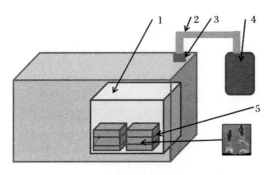

图4-5 废气加热栽培装置示意图

1- 阳台温室；2- 废气管；3- 废气处理；4- 壁挂炉；5- 栽培架

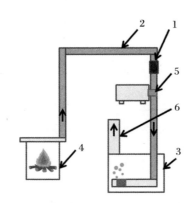

图4-6 废气加热利用技术示意图

1- 阀门；2- 废气管；3- 废气处理；4- 壁挂炉；5- 增压泵；6- 出气管

温室选择与塑料大棚类似的结构设计。温室的建造充分利用家庭中现有条件，采用加厚的双层塑料膜，利用阳台的护栏，外加方管作为龙骨，可做成立方体或圆柱体。温室高 2.3m，宽 1.6m，厚 1.1m。设计建造时要考虑塑料薄膜应将底部也完全密封。温室封口的地方设置在里侧方便操作，采用速干胶将拉链固定在温室薄膜上，实现快速封口密闭（图 4-7）。

图 4-7　阳台农业栽培装置建造实物

家庭园艺废气加热型阳台温室的设计考虑几个因素：一是阳台的形式和空间适合建温室，要通风并且空间较大，且建立的温室不影响阳台通风和采光功能；二是加热的废气利用要比较便捷，距离较近；三是家庭园艺的操作要比较方便，适合每天进行短时间的护理（图 4-8）。

栽培设施采用多层立体架子栽培，栽培的层数可以根据阳台空间自行组装，可达 6 ～ 8 层。采用水培的栽培方法，温室密闭后，每个栽培盘中放入 65ml 水。为提高加热效果及促进二氧化碳吸收利用，栽培盘倾斜 55°。倾斜后的栽培盘根部通风较好，也有利于植物采光（图 4-9）。

图 4-8　废气加热栽培装置实物图

图 4-9　阳台农业栽培设施

　　家庭园艺废气加热型阳台温室建造成本低，建造形式灵活，可进行规模化推广，尤其是冬季的西南地区。以成都的冬季为例，温室中的豌豆种子在播种 158 小时后，高度可长到 8cm 以上，方便食用，可根据需求每次采收半盘或整盘（图 4-10）。

图 4-10　阳台栽培装置中可收获的芽苗

　　除了上述栽培装置外，对于已经封闭的阳台，作者团队开发了相应的栽培装置，有 4 层，可种植奶油生菜等作物，通过人工补光、营养液配方等技术的综合运用，最大限度地提高阳台农业栽培的效率和产量，满足一家人的健康蔬菜供给需求（图 4-11）。

图 4-11　作者团队开发的阳台农业栽培装置

4.3　垂直农业景观蔬菜栽培技术与装备

　　垂直农业是指在设施条件下，通过搭建栽培设施，充分利用立体空间，实现多层栽培，采用农业装备实现自动水肥控制、高效农业生产（徐伟忠，2019）。垂直农业景观蔬菜具有占地面积小、产量高、景观效果好等优点，是都市农业发展的重要形式。垂直农业景观蔬菜栽培需要在都市狭小空间中，充分利用高处的空间，因此很大程度上依赖农业栽培装备的应用。通过栽培设施造型、植物外形和颜色等实施效果能显著提高产量和美观程度（黄燕华，2019）。

垂直农业景观蔬菜栽培装备集成机械、电子和软件技术，利用已有的设施结构，搭建了人工的多层种植环境（邵一鸣 等，2019）。通过栽培装备的应用，能提高空间利用效率近10倍，并且具有景观营造的效果。

4.3.1　垂直农业景观蔬菜栽培系统

采用多层立体支架，多组支架间采用模块化拼接，再用螺栓固定，可以垂直布置到10层以上。以滴灌方式进行灌溉，垂直栽培系统灌溉时所需的压力，通过直流加压泵来完成。灌溉控制可以通过垂直栽培专用的灌溉施肥控制系统，也可以采用时间控制等简单方式（图4-12）。

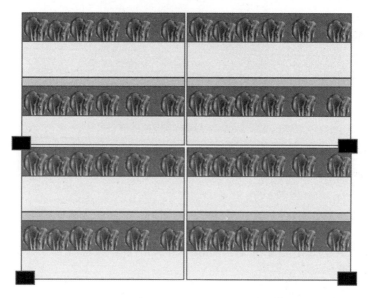

图4-12　垂直农业景观蔬菜栽培系统示意图

垂直栽培装置可以整体固定在结构墙上（图4-13），也可单独在顶部进行固定。栽培的基质可选用本团队研发的新型硬基质（图4-14），灌溉一次可以保湿10周以上，制作完成安装后，形成一整面宽12m，高7m的作物墙。

采用12通道的时间控制器的方式不但节省成本，也能较好地满足按时供水的需求（图4-15），可以安装在支架内部隐蔽的地方，方便操作，同时也美观。同时增加一个 220V 9L/min 的直流压力泵为栽培提供高压的灌溉水肥溶液，确保灌溉施肥的溶液到达每一层。

在栽培系统槽内铺设了滴管带，作物所需的水肥可以根据需要通过滴灌带快捷地输送到每株作物的根区（图 4-16）。根据作物的需水情况，设置了粗细不同的两种滴灌带可供选择。

图 4-13　垂直农业栽培装置

图 4-14　作者团队研发的蔬菜
景观栽培新型硬基质

图 4-15　滴灌供水系统

图 4-16　水肥滴灌

4.4 学校农场教育科普栽培技术与装备

　　学校农场教育科普的主要目的是将教育融入生活劳动过程（梁停停，2020）（图 4-17），以劳动教育为核心，采用 PBL 项目制教学方式，融合德智体美开展多学科融合教学活动（杨润根 等，2020）。

图 4-17　学校农场科普教育栽培效果

　　智慧园艺学校农场科普教育是以智慧园艺为核心的文化传承劳动课程。该课程带动学生热爱劳动，引导学生理解环境友好的现代农业，实现了智慧园艺同学校教育相结合，多学科交叉融合，培养中小学生传承劳动精神与智慧。借助前沿科技引导学生创新实践，打造中国特色劳动教育产品体系，培养有劳动素养的时代新人（图 4-18）。

　　学校农场教育科普智慧园艺产品中最具代表性的是"魔法菜园"（图 4-19），是作者团队联合中国农业大学校友联合打造的面向学校、农场的智慧园艺产品。系统采用多模块如蔬菜、瓜果、菌类、鱼类生产的自由组合，根据城市空间实现百变搭配。采用立体种植技术充分利用墙面空间，实现高密度种植，可有效提高绿化率，倡导生态环保理念为城市厨余垃圾的减量、再利用提供了有效途径；智能化运行实现远程智能控制，省时、省心、省力；设计了生态共生系统，通过物理过滤、生化过滤、植物过滤，做到养鱼、种菌、育苗、种菜一体化；完整的课程指导、工具包和扩展功能，实现实用、观赏、教育、体验兼顾（图 4-20）。

图 4-18　四川大学附属中学创新劳动学校农场

图 4-19　"魔法菜园"实景图

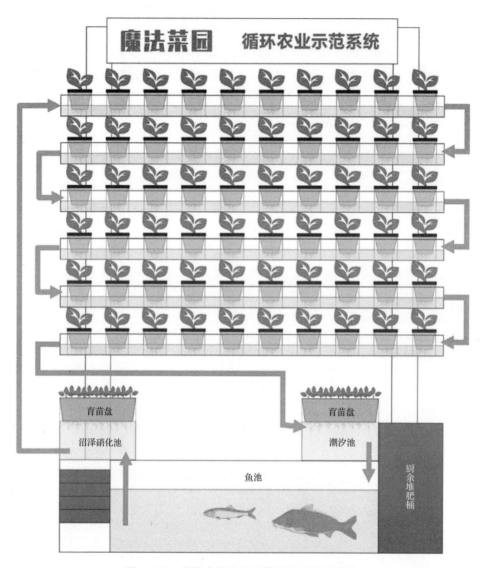

图 4-20　学校农场教育科普栽培系统示意图

第 5 章

问题与展望

智慧园艺是个庞大的体系，涉及园林、温室、都市等不同环境，果树、花卉、蔬菜等不同作物，水肥、植保、修剪等不同环节，作者及团队的研究和思考仅是沧海一粟。智慧园艺发展中遇到的问题和未来的展望有其特点也有其共性问题，本章以月季种植为例，探讨述大众聚焦的智慧园艺技术与装备面临的实际问题及解决问题的方向。

5.1 存在的问题

5.1.1 采摘时期把握不准

月季具有多种功效和用途，不同的用途和市场需求对月季花蕾的盛开程度要求不同，因此需要选择最佳采摘期，保证花蕾品质。

作为经济作物时，月季主要用于食品及提炼精油。作为精油的月季原料应在盛花期，以花蕾刚开放，呈杯状时为好，此时花芯仍保持黄色。花瓣开足者也能采摘，但花芯变红时质量已下降。采花时间从清晨开始，8：00 ～ 10：00 含油量最高。

入药月季应分期采收，俗称"头水花""二水花"和"三水花"。"头水花"的花蕾饱满，香味浓，含油分略低，质量佳。有研究表明，食用型重瓣月季中花色苷、总黄酮和维生素 C 的含量在 5 月达到最大值，分别为420mg/100g、470mg/100g、12.0mg/100g。这些成分还受到各种外界环境因素的影响，其中影响最大的是光照和积温。

观赏用的鲜切花月季在其"含苞待放"时采摘最好。

传统采摘月季大多通过有经验的人员来判断最佳采收期，这对从业人员的专业技能要求较高。同时采摘时间的判断很容易受人的主观因素影响，不同的人对于花的盛开程度评价标准不一致，因此，易导致过早采摘或者采摘不及时，造成产品品质下降和经济价值降低（尚乐，2015），这将造成大面积种植农户不可逆转的损失。所以针对不同市场需求，严格把控采摘时期十分重要。

5.1.2 栽培环境控制不当

温室栽培过程中，调控月季的生长环境参数十分重要。

① 水分。其生长主要依靠土壤水分，在蒸腾作用下会消耗大量水分。浇水不及时会出现脱水现象，导致植株枯萎落叶，从而影响正常生长与发育（潘玉兴 等，2007）；反之，如果浇水过多则会导致植株生长出现问题，抗旱能力逐渐降低，花蕾受到刺激而过早脱落，严重时甚至出现烂根。

② 温度。温度是影响月季生长的另一重要因素。在植物生长期间，如果温度过高，超过了生理承受范围，会对花卉的生长造成严重威胁；如果温度过低，会导致植物生长效率降低。

③ 营养元素。月季发育期间如果营养元素不足，将会导致植株生长速度减慢，抗病虫害能力下降。通常在种植期间需根据实际营养需求，制定针对性的肥料施加方案，促进植株的苗壮成长。例如：氮肥不足，植株就会出现干枯，茎叶破裂，花蕾数量较少；磷肥不足，植株就会出现暗绿，且生长速度减慢，下部叶脉开始变黄，呈现出典型的营养不良症状；钾肥施加不合理，叶片上就会出现病斑，叶尖开始枯黄，枯死部位逐渐扩展；镁元素不足，植株下部会变黄，在枯斑的影响下，花卉的生长效率降低；而钙元素不足，会导致幼叶出现变形。

普通的温室大棚只具有基础的保温功能，不具备自动调节室内温度、水肥、湿度的能力。这些工作大多依赖于管理人员的经验，易存在以下问题：一是对从业人员的专业技能有着较高的要求，同时在施肥浇水等管理过程中需要投入大量人力，温室种植规模的不断提高，将伴随月季栽培成本的增加；二是温室内的环境参数不能做到实时精准监测，造成温湿度调节、施肥等作业不及时，严重影响了月季的生长发育和品质；三是粗放式管理轻则造成水、肥等资源的浪费，重则影响月季的品质和生长效率，造成严重的经济损失。

5.1.3　病虫害防治不彻底

温室中高湿高温的环境容易引发病虫害的发生。月季常见病害有白粉病、霜霉病、锈病等，且易受蚜虫，红蜘蛛等昆虫为害（图5-1）。

① 白粉病。白粉病多发生于嫩叶，其他老叶、花茎、花托等以至枝条也普遍受感染（潘玉兴 等，2007）。受感染时，叶子有凸起，凸处颜色变淡有白粉状物，叶片变得凹凸不平并逐渐蜷曲，病菌蔓延，整个叶背蒙上一层灰白色的霉。严重时花蕾、花梗，乃至整个枝杆、叶片全蒙上一层霉。新生芽、叶均蜷曲。该病多发生于晚秋至早春，在昼夜温差大、湿度高时候容易发生。当夜间温度高于15℃，湿度高达90%时，最适于病菌孢子的产生、发芽及感染；白天温度高于27℃，40%～70%的湿度下，非常适于孢子的成熟散发，因此需要及早喷药预防。白粉病是靠空气流动来传播孢子。

② 霜霉病。霜霉病主要危害叶、新梢、茎、花梗和花瓣。先侵染生长点，叶片变为紫色至棕黑色，染病叶片初现不规则小斑，后逐渐枯萎或脱落，病梢干枯。花、花梗、花瓣染病出现近似的斑点。湿度大时各发病部位均易出现灰白色霉层。温室主要发生在春秋两季，若昼夜温差大，温室不通风，湿度接近饱和，叶缘吐水或叶面结露，则持续时间长、发病重。

③ 蚜虫。一年四季都会发生，干燥时蚜虫为害最严重。发生的初期需尽快灭除，尤其新芽发育旺盛的时期，多种杀虫剂都有较好防治效果。然而蚜虫主要寄生在叶片的背面，常规的自上而下的喷雾方式使得大量雾滴沉积在叶片正面，因此蚜虫接触药剂的几率大大下降，造成防治效果不佳。

④ 红蜘蛛。红蜘蛛吸取叶片中的叶绿素，减少月季光合作用的效率，

且蔓延迅速，很快可使叶片受害，植株发育停止。多发生夏季，高温干燥时。

图 5-1　常见病虫害

　　就目前来说，月季的病虫害监测系统还不完善，病虫害的防治多依靠种植人员的定时观察和预警，当一些病虫害能被人眼观察到时，已经广泛传播，造成了难以挽回的损失（魏勇 等，2005）。这些病虫害的防治大多依靠背负式喷雾机，需要人力负重施药，劳动强度大，效率低。在温室密闭的环境下，还容易造成工作人员中毒事件。并且人工施药往往不均匀，一些没有喷洒到农药的区域易出现复发情况。此外，背负式喷雾机喷雾穿透性较差，月季植株中上层雾滴沉积效果较好，但是雾滴很难穿透、运送至植株下层，所以造成防治效果欠佳。上述这些因素往往导致病虫害防治不及时、不彻底，因此造成产品的品质和产量下降。

 展望

5.2.1　机器视觉技术

近年来，随着计算机技术的快速发展，机器视觉技术已经被广泛应用在多个学科，在作物领域也取得了进展，并展示出了广阔的应用前景。利用机器视觉技术可以对种子的质量进行评价。通过采集种子的图像，提取种子的颜色、形状、尺寸，胚芽位置和大小等特征参数，可以检测出种子上的裂纹、破损以及霉变等情况，从而评定出种子的发芽能力。此外，利用机器视觉可以通过叶片状态及表面颜色等外在特征精确监测植物的生长情况，该技术比人眼视觉能够更早地发现植物的细微变化，及时为决策管理提供可靠依据。

机器视觉技术也可应用在月季栽培方面，提高花卉管理水平，增加经济效益。

① 帮助解决采摘时期把握不准的问题。通过相机采集月季图像，利用机器视觉技术对其进行处理分析，可精准获取花朵的形态、颜色、大小等特征，然后对花卉采摘期可以进行精确判断。例如：不同精油含量的月季的颜色、纹理、光谱等特征会有明显差异，而该差异很难通过人眼观察到，但是机器视觉可以很容易提取这些特征，来告知以精油提取为目的种植农户何时进行花卉采摘。

② 帮助准确识别病虫害。例如，有研究采用该技术对月季白粉病进行检测，结果如图 5-2，不同程度的白粉病能够被准确识别。

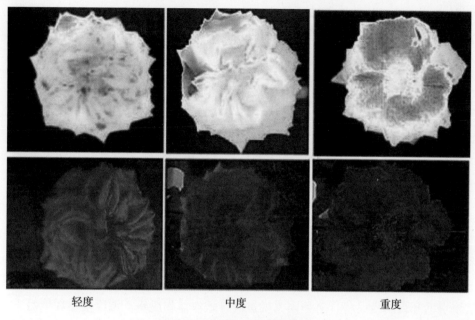

轻度　　　　　　　中度　　　　　　　重度

图 5-2　月季白粉病识别效果

5.2.2　人工智能控制技术

传统的温室管理通常以农户经验为依据来调节环境参数、施肥浇水，这种粗放的管理方式劳动力成本高，容易造成资源浪费，并且不利于提高花卉的品质。

目前智能温室大棚逐渐被广泛采用（图 5-3）。与普通温室大棚相比，温室中安装有智能环境控制系统，帮助解决大众关注与栽培环境控制不当的问题。该系统可对温室中的空气温度、空气湿度、二氧化碳浓度、土壤温度、土壤水分、光照强度等参数进行实时监测、自动调节，从而创造植物生长的最佳环境，使温室内的环境接近人工设想的理想值，进而满足了温室作物生长发育的需求，提高了温室植物的产量和品质。温室大棚的基本功能主要表现在对植物生长所需要的环境因素进行智能化调节，使植物维持在较为合适的生长状态下，对提升作物产量和品质有极大帮助。

①智能调节光照强度。当传感器上接收到的光通量偏高时，说明温室大棚内的光照强度过高，可能会导致农作物的脱水，需要调节室内照明设备的亮度，打开室内的遮光帘；光通量较小时，说明温室大棚内的光照强度不足，则需要调高灯光亮度，降低遮光帘的高度，使室内获得充足的光照。

②智能调节二氧化碳浓度。二氧化碳浓度是影响植物光合作用重要的因素之一，碳元素的积累会影响农作物的品质。当传感器显示温室大棚内二氧化碳浓度过高时，系统可以开启排风扇将多余的二氧化碳排出室外；传感器显示数值过低时，二氧化碳喷嘴会自动开启，及时补充室内的二氧化碳含量。

③智能调节温度。当温度传感器中显示温室大棚内的温度过高时，系统自动开启制冷设备，避免因温度过高导致农作物脱水；温度显示较低时，可以开启加热设备，提高室内温度，恢复农作物光合作用的活性。

④智能管理水分供给。水分是影响农作物正常生长的重要条件之一，室内传感器中显示湿度较大时，系统需要开启排风扇，同时根据温度超标的等级对排风扇的转速进行控制，避免植物根系发生腐烂；传感器数值显示过低时，需要开启加湿器或灌溉系统，使农作物可以充分吸收水分。

一般而言，温室大棚环境调节系统有手动调节和自动调节两种模式。手动调节需要工作人员根据系统监测到的数据进行人为调控，而自动调节模式下系统会根据预设的经验值进行自主调控，可以根据实际情况来进行灵活选择两种模式。温室大棚的智能化工作方式能够带来极大的便利。这对控制和提高月季品质有很大帮助。光照、二氧化碳浓度、温度和湿度等是影响月季光合作用的重要影响因素，智能温室大棚通过对这些信号的采集和传输，及时调节参数使其恢复到更适合月季生长的数值。所以，智能环境控制系统将为月季温室栽培提供重要技术支撑和条件保障。

⑤智能管理植物营养供给。除环境控制系统以外，植物营养供给系统也十分重要。随着信息技术的发展，在月季种植过程中，利用不同的传感器实时监测花卉的生长状态，然后对这些数据进行分析，得到植物的营养需求信息，再控制水肥灌溉系统为植物提供精准的营养元素。这样的智慧水肥管理系统是农业未来的发展趋势。

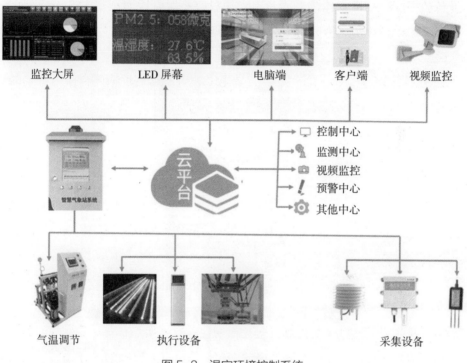

图 5-3　温室环境控制系统

经典的水肥灌溉一体化系统除了灌溉功能以外，还可以将肥料溶于水中，通过系统以滴灌、喷洒的方式对花卉进行营养精准供给（图 5-4），在满足植物生长需求的前提下，达到省水省肥的目的。也有研究将农药制剂溶于水中，通过植物根系吸收农药，来达到施药防治病虫害的效果，但该方法对药剂种类要求较高。水肥一体化灌溉系统可大大提高农产品的产量和质量，相对于传统的"漫灌漫施"有效减少了水肥、农药的施用量和劳力成本的投入，因此具有显著的社会、经济效益。

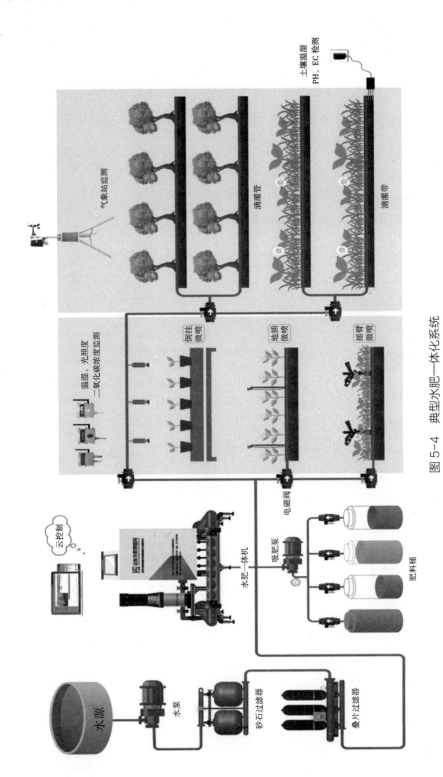

图 5-4 典型水肥一体化系统

5.2.3　机器学习技术

病虫害是威胁月季健康生长的主要因素，如果防控不及时就会造成难以挽回的损失，如何以最低农药用量、最低成本科学合理防控是该领域研究热点。获取病虫害动态变化信息是综合防控的重要基础，传统方法大多采用人工定时查看病虫害发生情况，不仅费时费力，而且病害防控受主观因素影响较大。随着机器视觉技术、学习技术配合对靶喷雾机器人装备的引入，该问题得到了很好的解决。

诊断病害的过程为图像预处理—病斑分割—病斑颜色特征、形状特征、纹理特征提取—模型训练—病害识别。例如，有研究通过 P2P 实时监测和数码相机结合的方法采集番茄叶片图像，对图像前景和背景标注后进行分水岭算法分割病斑；通过 BP 网络和 GA-BP 网络建立了番茄病害识别模型。该方法对番茄早疫病、晚疫病和叶霉病识别率分别达到了 100%、98%、96%。温室中的害虫具有虫体小、迁飞性、隐蔽性（常于叶片背部危害）等特点，很难通过相机直接捕捉，一般通过黏虫板捕获害虫后，对黏虫板图像信息进行处理，实现害虫的种类、数量信息的监测。所以通过机器视觉技术、学习技术可实现对病虫害的及时监控和预警。

由于内部空间限制，现有温室内喷雾方法多为背负式手动（电动）喷雾器，需人工手持喷杆朝向叶面喷施，劳动强度大、工作效率低。这些装备往往雾化效果差、"跑冒滴漏"现象严重，农药利用率仅为 20% ~ 30%。随着农业人口下降以及劳动力成本增加，中小型机械化喷雾装备逐渐被应用在温室喷雾作业中。机械喷雾多采用连续、均匀的喷施方法，导致部分药液或肥料喷施到土壤、地膜等非靶标区域，造成资源浪费和环境污染等问题。所以，智能化程度高的对靶喷雾机器人成为了当前研究热点。这些农业装备采用多传感器融合、图像处理等技术手段获取喷雾对象的位置、形态等信息，并结合通讯技术、计算机控制技术完成对喷雾对象的跟踪、喷射压力及喷雾剂量的调整，可实现精准喷施。

自主喷雾机器人（图 5-5）主要包含自主移动平台、作物信息采集系统和喷雾控制系统 3 部分。作业时，移动平台根据导航定位系统在作物行内自主移动，同时作物信息采集系统不断地采集作物图像、位置、形态等信息。然后，喷雾系统依据计算获取的目标作物精确信息，控制喷雾机械臂运动，使喷头快速进入喷施位置（对靶）并进行喷雾。自主移动平台是一种集环境感知、路径动态规划和行为控制等多功能于一体的精准高效的农业技术装备，国内外学者对其展开了广泛而深入的研究。目前这些移动平台已经具备室内建图、导航、定位、避障及转弯等功能，相对而言技术较为成熟，市场上已经有多种性能稳定的商业机器人移动平台。为降低人工成本，提高喷雾效率和质量，有效防控月季病虫害，基于温室移动机器人平台的智能喷雾系统将会成为月季的"安全卫士"。对于温室内栽培的植物而言，相邻植物间具有间隙，并且随着植物的不断生长间隙大小也在动态变化，这就要求采用间歇式喷雾方法，避开植物间隙。目前一些研究针对果树间歇式喷雾做了探索。例如，张美娜等人设计了一种可移植的线性对靶喷雾控制系统，该系统采用 3 个单激光传感器探测靶标，PLC 控制器依据传感器信号的逻辑运算控制相应的电磁阀通断，实现对靶喷雾、间隙不喷雾的功能。试验结果表明，相对于连续喷雾作业方式，单点对靶喷雾作业方式能够节省 55% 的喷雾量（张美娜 等，2017）。

图 5-5　自主喷雾机器人

将上述的月季病虫害监测系统和自动喷雾平台结合起来，即可实现月季的无人化管理。随着农业技术和信息技术的发展，这将成为现实。

5.2.4　结束语

综上所述，在农业数字化、智能化、装备化等发展趋势的引导下，智慧园艺未来的发展将紧密围绕人工智能、大数据和物联网等新兴科技亮点；重点聚焦农机 – 农艺融合、机器 – 作物互作和无人化农业等前沿理论热点；重点解决资源高效利用、降低人力成本和增加经济效益等行业产业痛点。我们有理由相信，智慧园艺产业的春天将普降中华大地，百花争艳的园艺大产业将会为我国农业注入新的更大的活力。

参考文献

曹坳程，方文生，李园，等，2022.我国土壤熏蒸消毒60年回顾[J].植物保护学报，49(1):325-335.

陈润毅，2021.基于物联网的家庭园艺系统的设计与实现[D].厦门:厦门理工学院.

崔运鹏，王健，刘娟，2019.基于深度学习的自然语言处理技术的发展及其在农业领域的应用[J].农业大数据学报，1(1):38-44.

傅泽田，董玉红，张领先，等，2017.温室自动施肥机的设计与仿真[J].农业工程学报，33(S1):335-342.

葛政涵，周中雨，柴亚娟，2021."无人化"新模式正在改变农业[N].南方日报，11(26):B1.

黄岩波，2019.美国密西西比三角洲农业航空和精准农业技术研发现状、展望与启示[J].智慧农业，1(4):12-30.

黄燕华，2019.广东垂直农业发展研究[D].广州:仲恺农业工程学院.

季天委，2020.肥料和土壤酸碱度测定方法探讨[J].浙江农业科学，61(4):746-748.

李惠玲，张晓东，李苇，等，2020.设施园艺作物生长信息智能化检测装备的创新设计[J].现代农业装备，41(5):30-35+41.

李珺，2022.人居环境中家庭园艺发展和设计[J].居舍(2):136-138，153.

李萍萍，2013.设施园艺有机基质栽培的高效精准管控技术[D].镇江:江苏大学.

李文哲，袁虎，刘宏新，等，2014.沼液沼渣暗灌施肥机设计与试验 [J].农业机械学报，45(11):75-80.

李秀娟，蒲鹤月，校露露，2020.陕西省创意农业发展模式研究 [J].安徽农学通报，26(22):13-15.

梁停停，2020.劳动教育背景下的学校农场规划设计研究：从南京金陵中学河西分校教育农场为例 [D].南京：南京农业大学.

林娜，陈宏，赵健，等，2020.轻小型无人机遥感在精准农业中的应用及展望 [J].江苏农业科学，48(20):43-48.

林旭翔，张凌峰，薛金林，2021.芦蒿自动扦插机的分苗装置设计 [J].安徽农业科学，49(2):211-215.

刘宏新，杜春利，尹林伟，等，2022.倾斜对置圆盘有机肥侧抛射流形态与控制研究 [J].农业机械学报，53(1):168-177.

娄晓康，2021.基于无线传感网络的灌溉信息监控系统的设计 [D].石河子：石河子大学.

马伟，宋健，王秀，2016.温室智能装备系列之八十三：温室园艺便携式遥控施肥机的设计 [J].农业工程技术，36(22):45-46.

马伟，王秀，2019.国内外设施耕整地装备研究进展 [J].农业工程技术，39(25):42-44.

马伟，王秀，刘旺，等，2018.基于激光的土壤耕层质量调查在线扫描系统 [J].农业工程技术，38(22):58-59.

马伟，王秀，张海辉，等，2018.温室智能装备系列之一百零四温室害虫诱捕技术及装备现状及发展 [J].农业工程技术，38(13):4-5.

潘玉兴，林鑫，李天华，等，2007.玫瑰花栽培管理技术规程 [J].北京农业 (28):14.

彭炜峰，刘芳，李光林，等，2021.丘陵地区农田土壤信息监测系统的研究 [J].农机化研究，43(4):65-69.

阮俊瑾，赵伟时，董晨，等，2015.球混式精准灌溉施肥系统的设计与试验 [J].农业工程学报，31(S2):131-136.

尚乐，蒋玉梅，钟读波，等，2015.不同采摘季重瓣红玫瑰花理化成分比较分析 [J].食品工业科技，36(15):365-369.

尚琴琴，2017.锥盘式撒肥机关键部件的设计与试验研究 [D].哈尔滨：东北农业大学.

邵一鸣，李加强，胡振宇，等，2021.垂直农业对办公建筑室内二氧化碳浓度的影响 [J].建筑科学，37(8):123-132.

史静，程文娟，张乃明，2012.施肥对切花玫瑰生长及养分吸收特性的影响 [J].中国土壤与肥料 (4):59-64.

宋伟，姜树海，2020.便携式微型整枝机的设计计算 [J].林业机械与木工设备，48(8):38-45.

王晗，何佳乐，2020.3S 技术在精准农业中的应用研究 [J].科技创新与应用 (16):45-46.

王艳红．罗锡文，2020.智慧农业是中国农业未来的发展方向 [J].农业机械 (7):62-63.

王毅平，王应宽，2022.2021 年影响精准农业的 5 个关键技术趋势 [J].农业工程技术，42(3):97-98.

王玉乾，2018.观赏苗木自动扦插机关键部件设计及试验研究 [D].沈阳：沈阳农业大学.

魏勇，刘传珍，刘荣，等，2005.玫瑰花的经济效益、优良品种及栽培技术 [J].种子世界 (12):34-35.

吴天珍，姜春华，2021.不同激素和基质对苦水玫瑰扦插生根的影响 [J].现代园艺，44(13):5-7.

谢家兴，梁高天，高鹏，等.考虑无线传输损耗的农业物联网节点分布规划算法 [J/OL].农业机械学报:1-8[2022-05-04].http://kns.cnki.net/kcms/detail/11.1964.S.20220330.0900.006.html

徐磊，郑洪倩，虞利俊，等，2014.设施园艺智能监控的农业应用展望及发展趋势 [J].Agricultural Science and Technology, 15(3): 512-514,517.

徐伟忠，2019，垂直农业系列关键技术研究及产品开发——垂直农场与垂直农业技术的研发及应用 [D].丽水：丽水市农林科学研究院.

杨润根，雷杰能，王进冬，2022.领着孩子走进"开心农场"——安义县乔乐学校"双减"背景下的劳动教育掠影 [J].江西教育 (4):66.

张超，张建林，2022.基于园林的修剪机器人结构优化研究 [J].农机化研究，45(1):90-94.

张梅，凌宁，马伟，等，2021.温室智能装备系列之一百二十八：家庭园艺水培叶菜根部送风系统开发 [J].农业工程技术，41(16):26-28.

张梅，凌宁，马伟，等，2021.温室智能装备系列之一百二十七：家庭园艺废气加热型阳台温室的设计 [J].农业工程技术，41(10):57-58.

张美娜，吕晓兰，雷晓晖，2017.可移植的对靶喷雾控制系统设计与试验 [J].江苏农业学报,33(5):1182-1187.

张文君，鲁剑巍，蒋志平，等,2010.施肥对金盏菊生长、开花及养分吸收的影响 [J].武汉植物学研究,28(4):491-496

张文锶，周晓梅，汪明进，2022.农业生产性服务业集聚、城镇化与农民就业增长关联研究 [J].云南农业大学学报（社会科学），16(3):94-102.

赵春江，2021.坚持智慧农业与数字乡村建设统筹推进 [J].农业机械 (6):47.

赵立虹，薛梅，2021.智能化农机装备助力设施园艺发展探析 [J].农业装备与车辆工程，59(9):153-155,163.

赵小强，鹿金颖，陈瑜，等，2020.空间植物培养发展现状及其在现代阳台农业中的应用 [J].江苏农业科学，48(18):54-59.

周默，2019.温室育种繁殖新技术 [J].中国花卉园艺 (6):54-55.

CHATTOPADHYAY P S, PANDEY K P, 2001. PM—Power and Machinery: Impact Cutting Behaviour of Sorghum Stalk using a Flail-Cutter—a Mathematical Model and its Experimental Verification[J].Journal of agricultural engineering research, 78(4): 369-376.

HIROSHIGE, NISHINA, 2015.Development of Speaking Plant Approach Technique for Intelligent Greenhouse[J].Agriculture and agricultural science Procedia, 3: 9-13.

NIEBSCH J, RAMLAU R, 2009.Imbalances in High Precision Cutting Machinery[C]// ASME 2009 International Design Engineering Technical Conferences and Computers and Information in Engineering Conference.

OGAWA Y, KONDO N, MONTA M, et al., 2006 Spraying Robot for Grape Production[J].Springer berlin heidelberg.

PANAHI K H, 2013.Robotic and intelligent agricultural machines in precision horticulture[C]// 1st Symposium on New Discussions in Horticultural Science.

SCHUPP J L, SHARP J S, 2012. Exploring the social bases of home gardening[J].Agriculture and human values, 29(1): 93-105.